PARIS 2050

118, avenue Achille-Peretti — CS70024
92521 Neuilly-sur-Seine Cedex

www.michel-lafon.com

VINCENT CALLEBAUT

PARIS 2050

LES CITÉS FERTILES FACE AUX ENJEUX DU XXIe SIÈCLE

avec la collaboration
de Caroline Andrieu-Millagou

Michel Lafon

SOMMAIRE

III. MES PROJETS EN CHANTIER ET AUTRES ÉTUDES EN COURS

IV. ÉPILOGUE

NO SMOGING PLEASE

INTRODUCTION

Paris, automne 2015. Je m'extrais du métro, station Bastille, un flot de gaz d'échappements agresse mes narines, le bruit des moteurs qui ronronnent couvre celui de mes écouteurs. Les malheureux qui s'agglomèrent autour de la colonne ne font plus la révolution qu'à coups de klaxon. Enfermés dans leur boîte cinq portes, ils jouent du levier de vitesse, première, seconde, point mort. Soupirs. De quelque direction qu'ils arrivent, dans quelque direction qu'ils aillent, il leur faudra de longues minutes pour se frayer un chemin.

Les marcheurs se déversent sur les trottoirs et se bousculent sur les passages à larges rayures blanches. Tous cultivent le don d'ubiquité, smartphone greffé à la main. Les accidents de piétons sont d'ailleurs de plus en plus fréquents. Je me faufile parmi eux et m'adapte à leur rythme, bien obligé. En passant, je note qu'on joue *Madame Butterfly* à l'opéra Bastille, un bâtiment synonyme, comme tant d'autres, d'une architecture énergivore et dépassée. Il n'a pas trente ans… Un coup d'œil vers le ciel me renseigne sur le temps comme sur la qualité de l'air ; l'un et l'autre médiocres. Je me dis que cette ville, décidément, cette ville pourtant si belle, manque de bleu et de vert. Du vert, j'en cherche, à l'horizon, le long du bassin de l'Arsenal, je n'y vois que quelques arbres qui ont déjà perdu leurs feuilles. Je m'engage rue de la Roquette – au joli nom de salade, c'est déjà ça ! – et aussitôt passage du Cheval-Blanc, juste assez large pour les chevaux qui apportaient le bois aux ébénistes et aux menuisiers du faubourg Saint-Antoine. C'était il y a un siècle seulement. Je monte l'escalier jusqu'à mon agence. Je pénètre dans l'antre de mes rêves, mes projets, mes espoirs, dont j'ai fait mon travail… Et j'ai de quoi m'occuper.

Enfant, à La Louvière, en Belgique, où je suis né et où j'ai grandi, j'ai vu des élus prendre des décisions qu'ils croyaient bonnes et qui se sont révélées catastrophiques. Dans les années 1980, afin de faciliter la vie quotidienne des habitants, ils ont créé une zone commerciale gourmande en surface avec son énorme parking, et donc excentrée, nécessairement. Les commerces du centre-ville, privés de leurs clients quotidiens, ont fermé l'un après l'autre, le centre de l'agglomération de taille moyenne est mort, plus un piéton n'y circulait. En revanche, les axes menant à la zone commerciale s'engorgeaient de véhicules aux heures de grande affluence. Dans cet univers consumériste, ma ville avait perdu son identité sidérurgique. On n'avait pas parié sur son passé industriel si riche. Un jour viendra où elle renaîtra des cendres de ses hauts fourneaux !

Depuis l'après-guerre, les villes ne cessent de s'étendre. Les populations aux revenus modestes sont repoussées toujours plus loin en périphérie, leurs trajets quotidiens s'allongent, ce que nous consommons est produit loin de chez nous… Partout dans le monde, nos conditions de vie se détériorent. Par notre faute, exclusivement. Pollution, dioxyde de carbone, maladies, crise du logement, transports saturés, quartiers monofonctionnels, banlieues-ghettos, cités-dortoirs, énergies fossiles bientôt épuisées, et donc de plus en plus chères, agriculture intensive qui mise principalement sur les pesticides, les fongicides et les insecticides, agriculture ultrapolluante et néanmoins insuffisante à nourrir la planète : nous, êtres humains, nous sommes autoproclamés espèce vivante la plus intelligente au monde, et pourtant nous sommes en train de détruire notre environnement naturel, l'environnement nécessaire à notre survie.

Lorsque je suis né, en 1977, nous étions quatre milliards cinq cents millions d'êtres humains sur terre. Selon les projections, nous serons au moins neuf milliards en 2050 quand j'aurai soixante-treize ans, avant d'atteindre le pic des douze milliards prévus pour la fin du siècle. Sur ce constat, les politiques, les médias, les penseurs greffent des mots angoissants : crise écologique, crise économique, crise, crise, crise ! J'entends que l'époque contemporaine est la période la plus sombre de l'histoire, conflits armés mis à part. Je ne suis pas d'accord. Je pense au contraire qu'elle est la plus exaltante puisque l'heure a sonné de nous remettre en question et d'inventer demain !

En tant qu'architecte, je milite pour le rêve, ce mot assassiné par le pragmatisme économique de notre société libérale à bout de souffle. Accepter de s'étonner, avoir le courage de revenir à son esprit d'enfant pour dessiner son chemin est à mes yeux vital pour chacun d'entre nous. Il faut réapprendre à rêver la ville, rêver la vie en ville, rêver la campagne, rêver la réintégration de la nature dans la ville, rêver à vivre mieux ensemble, pour pouvoir se permettre de réaliser au moins une partie de ces rêves dès aujourd'hui, à Paris, en Europe et dans le monde. Un urbanisme écologique est possible. Enfant, j'étais déjà fasciné par le génie des écosystèmes. Au cours de balades dans les jardins de mes grands-parents, dans les forêts, les champs, j'ai observé avec passion les formes du vivant. Aujourd'hui, j'ai intégré cette passion dans mon métier pour développer une architecture organique qui s'inspire notamment du biomorphisme, de la bionique et du biomimétisme[1].

C'est sur ces trois notions, intimement liées, que j'axe tous mes projets depuis que j'ai fondé mon agence, Vincent Callebaut Architectures. Au Caire en Égypte, à Abu Dhabi, en Chine, à Taïwan, où des investisseurs partagent notre ambition, nous travaillons de façon transdisciplinaire : avec des botanistes, des sociologues, des spécialistes du transport, des ingénieurs de la chimie verte, des ingénieurs agronomes, des artistes, des architectes d'intérieur, des constructeurs. Ensemble, nous démontrons que la ville du futur sera dense, verte, hyperconnectée... tout simplement intelligente, au service de l'homme.

Évoluer ne signifie pas faire table rase du passé, mais intégrer le meilleur de chaque époque à notre avenir. Alors pour commencer, je rêve que Paris évolue. Je rêve que je sors du métro en 2050, et que la ville, sans avoir rien perdu de son charme actuel, offre à ses habitants des conditions de vie en tout point plus confortables qu'aujourd'hui. Ce rêve, je ne suis pas le seul à le faire puisque la mairie de Paris m'a proposé de dessiner la capitale dans trente-cinq ans. C'est un rêve réalisable, j'invite tous les citoyens responsables à le partager avec moi en étant force de propositions positives et constructives loin de tout constat anxiogène.

1. Le Biomorphisme s'inspire strictement des formes de la nature, par exemple des ailettes verticales de l'aigle des steppes, de la forme spiralée et hydrodynamique du nautile ou de la ventilation naturelle des termitières. La Bionique s'inspire des stratégies du vivant, des processus naturels de fabrication des matériaux. Par exemple de la plasticité des feuilles de nénuphar, de la structure hyper-résistante des ruches en nid d'abeille... Le Biomimétisme s'inspire des écosystèmes matures et tente de reproduire l'ensemble des interactions présentes dans une forêt tropicale comme par exemple l'utilisation des déchets comme ressource, la diversification et la coopération, la réduction des matériaux à leur strict minimum. J'expliquerai plus en détails les intérêts de ces trois biotechnologies au fil des projets et des pages de ce livre, notamment avec l'agriculture autorégénérative, la reproduction du procédé de photosynthèse (principale source d'énergie pour l'humanité) et la production de biohydrogène à partir d'algues vertes.

Paris, 1950. C'est une ville minérale qui s'étend au pied de Notre-Dame... sous un ciel déjà pollué.

S M

I.

PARIS SMART CITY 2050

Pour une ville durable, dense et connectée

Cœur de Paris, été 2050. Bienvenue dans une cité fertile. Du sommet des tours gothiques de la cathédrale Notre-Dame, le panorama urbain s'offre au regard des chimères et autres gargouilles. Des montagnes verdoyantes faisant évoluer leur palette de couleurs selon les saisons ont poussé sur les immeubles haussmanniens. Les habitants y cultivent des fruits et des légumes biologiques qu'ils récoltent, consomment et redistribuent dans les îlots voisins. Les travailleurs ont réintégré la capitale, ils vivent enfin là où ils gagnent leur vie, la mixité sociale règne. Cela a été possible grâce à un vaste programme de construction de bâtiments de grande hauteur à énergie positive[2] : des logements confortables en hiver, frais en été, assez nombreux pour que les loyers plafonnent à un niveau accessible au plus grand nombre…

Je fais le pari que l'avenir ressemblera à ce rêve réalisable. Il le faut d'ailleurs, absolument : les scientifiques du GIEC (le Groupe d'experts intergouvernemental sur l'évolution du climat) s'accordent à dire que, si les réserves connues de combustibles fossiles disponibles sont entièrement utilisées, la température grimpera de quatre à cinq degrés d'ici la fin du XXIe siècle. Nous connaîtrons alors des épisodes de plus en plus fréquents de fortes pluies et de canicules impactant de plus en plus les ressources en eau et le rendement des cultures agricoles. Déjà, dès les premiers beaux jours de printemps par temps sec et sans vent, la pierre, les toits en zinc et le bitume emmagasinent les calories des rayonnements du soleil et les redistribuent pendant la nuit, faisant exploser le compteur de pollution. C'est ce qu'on appelle l'effet d'îlot de chaleur urbain, qui emprisonne les gaz à effet de serre. On exige alors que les enfants restent confinés dans les salles de classe au lieu d'aller jouer au ballon en cour de récréation. On conseille aux personnes âgées de s'enfermer derrière leurs fenêtres closes. On s'alarme, on informe la population : à court terme, c'est tout ce qu'on peut faire. Pourtant, il est encore possible de limiter l'élévation de température à 2° C en moyenne planétaire si les émissions mondiales de gaz à effet de serre sont réduites de 40 à 70 % d'ici 2050.

Sans attendre les conclusions de la COP21, la conférence des Nations unies sur les changements climatiques, prévue à Paris en décembre 2015, la mairie de Paris s'est fixé un objectif nécessaire dans le cadre de son Plan climat énergie : réduire d'au moins 75 % les émissions de gaz à effet de serre d'ici 2050. Pour y parvenir tout en apportant une réponse à la crise chronique du logement, elle m'a proposé d'étudier les moyens de rapatrier la nature au cœur de la capitale et de redensifier celle-ci par un habitat vertical. C'est ce que j'ai imaginé dans le cadre d'un projet de recherche et développement intitulé Paris Smart City 2050.

Mon cahier des charges était le suivant : d'une part concevoir des immeubles de grande hauteur *a minima* autosuffisants en énergie et *a maxima* à énergie positive (BEPOS), solidairement producteurs d'énergie pour les quartiers où ils seraient implantés ; d'autre part lutter contre l'effet d'îlot de chaleur urbain tout en densifiant la ville. J'y ai vu l'occasion d'intégrer à ces immeubles, dès leur conception, les règles du bioclimatisme et les énergies renouvelables et récupérables en boucle courte au travers de systèmes novateurs. C'est l'essence même de mon travail, un concept que j'ai appelé l'archibiotic.

En collaboration avec les ingénieurs de Setec Bâtiment, j'ai donc conçu huit prototypes de tours mixtes susceptibles de prendre place dans les quartiers de Paris suivant leur style : les quartiers historiques, périphériques, modernes ou futurs. Ces projets peuvent paraître fous, irréalisables ; on me le dit assez souvent… avant de m'avoir bien écouté. Au contraire, ils s'appuient sur des études d'ingénierie tout à fait fiables et pourraient être construits sans attendre. Pour chacun de ces huit prototypes, des bilans de performances énergétiques, calculant le delta entre énergies consommées et produites, ont d'ailleurs été dressés afin de prouver qu'il est possible dès aujourd'hui de construire des bâtiments BEPOS. Je ne me suis imposé aucune limite, je n'ai pas eu peur de faire peur avec une représentation – de prime abord – très futuriste de Paris. J'ai simplement imaginé que nous partagerions l'espace de manière écoresponsable, que nous bénéficierions d'une meilleure qualité de vie, que nous respecterions davantage l'environnement. C'est possible.

La prospective en architecture est essentielle. À l'époque de l'hyperinstantanéité, il faut réapprendre à se projeter loin dans le temps, à trente, quarante, cinquante ans. Il faut imaginer la ville dans laquelle se nourriront et grandiront nos petits-

2. Appelés BEPOS, les bâtiments à énergie positive produisent plus d'énergie qu'ils n'en consomment. Ils intègrent des systèmes d'automatisation via des capteurs assurant leur gestion par les technologies de l'information et de la communication. À travers une « smart grid » (un réseau de fibres optiques, de câbles et de tuyaux) reliée à un Facebook de l'énergie (une plateforme d'échange), les BEPOS peuvent être connectés entre eux pour s'échanger en temps réel les plus-values énergétiques qu'ils produisent et ainsi mettre en œuvre le concept de solidarité énergétique.

enfants, car nous avons le devoir de la bâtir dès maintenant. Une ville historique peut être pionnière dans la transition énergétique. Paris elle-même en est capable si elle intègre les énergies renouvelables d'avant-garde connectées à des réseaux intelligents et si elle mise sur le rapatriement de la nature dans le cœur de la ville. Si l'équipe municipale d'Anne Hidalgo m'a commandé cette étude prospective, c'est bien parce que, comme moi, comme les jeunes en général, elle estime nécessaire de nous préparer à évoluer dans le sens qui nous sauvera en même temps qu'il sauvera la planète. Depuis quelques années, la Commission européenne pousse les architectes et les pays à mettre en place un urbanisme écologique, et les premiers bâtiments intelligents sont en train de sortir de terre. La France est encore timide dans ce domaine mais, à partir de 2020, les bâtiments à énergie positive devraient devenir la norme. La révolution est donc bel et bien en marche !

Le projet Paris Smart City 2050 vise avant tout à dresser les perspectives d'évolution et d'intégration des immeubles de grande hauteur dans un tissu patrimonial. À créer un débat constructif pour que les architectes, les urbanistes, les professionnels du patrimoine et les Parisiens eux-mêmes participent ensemble à la construction du futur Paris. Sur le plan de l'architecture proactive embarquant pleinement les biomatériaux, les énergies renouvelables et les TIC, je m'étonne qu'aucun de mes pairs et pères architectes, même Pritzker Prize de l'architecture, ne se soit jamais accaparé pleinement ces atouts pour booster l'empreinte écologique de ses bâtiments. Il est urgent de casser les codes, de renverser la trousse à outils de l'architecture et de l'urbanisme. Place à la transdisciplinarité, à la fusion des sciences avec l'art de construire, afin d'accélérer définitivement l'innovation dans notre vieille Europe. Place à l'archibiotic !

Puisqu'on n'a plus assez de place pour construire des jardins au sol, le bâtiment lui-même doit devenir un jardin verticalisé où tous les espaces de façade, de balcon, de toiture, deviennent une architecture nourricière. Nous connaissons une crise du logement sans précédent liée à l'augmentation de la population, et elle impacte lourdement notre environnement : les zones urbaines s'étendent à l'horizontale de plus en plus au détriment des campagnes et des terres cultivables, il faut toujours plus de routes et de moyens de transports, toujours plus d'énergie et de temps pour se déplacer… Une ville verticale intelligente et pédestre me paraît beaucoup plus intéressante, mais surtout pas des quartiers de tours monofonctionnels comme La Défense qui sont hyperénergivores et ne comportent que 20 % de logements. Pour résoudre cette crise, nous devons créer des bâtiments de plus en plus mixtes, multifonctionnels et multiculturels. Lorsqu'on vivra au vingtième étage, qu'on travaillera au quarantième après avoir déposé son enfant à la crèche au cinquième – et salué son maraîcher au passage ! –, on sera moins asphyxié par les transports et, en plus, on connaîtra mieux ses voisins. La nécessité de se déplacer d'un lieu monofonctionnel (son habitat) à un autre lieu monofonctionnel (son travail) aura disparu. On ne polluera plus, ou, en tout cas, beaucoup moins, et on vivra mieux. On sera, selon les aspirations de la COP21, « sobres en carbone ».

Au cours du projet Paris Smart City 2050, je me suis attardé sur quatre étapes fondamentales de la construction de la capitale. D'abord l'époque haussmannienne avec la rue de Rivoli et le tracé de la Petite Ceinture, cette ligne ferroviaire, à 60 % à ciel ouvert, qui faisait le tour de Paris à l'intérieur des boulevards des Maréchaux. Ensuite le périphérique, construit de 1956 à 1973, qui enserre nombre d'immeubles en briques rouges ou jaunes, les premiers bâtiments en béton armé des années 1910, munis de façades fines qui pour la plupart sont de véritables passoires thermiques… Je me suis concentré ensuite sur le Paris moderne des années 1960-1970, lorsque la demande de logements et de bureaux était forte et qu'ont poussé les tours Montparnasse, celles du quartier des Olympiades et de l'ensemble Masséna. Enfin, j'ai étudié les espaces encore inexplorés et inexploités dans la capitale aujourd'hui, à savoir, principalement, les ponts et les fourches de rails. Chacun des huit projets que j'ai présentés inclut aussi bien des énergies renouvelables émergeantes en laboratoire que des procédés ancestraux du bioclimatisme, à commencer par les Mountain Towers que je rêve de voir sortir du bitume et de la pierre au pied de Notre-Dame que j'évoquais au tout début de ce chapitre.

ARCHIBIOTIC est un néologisme organisé autour de trois vecteurs de création : l'architecture, les biotechnologies et les TIC, les Technologies de l'information et de la communication. Il s'agit de repenser la ville de demain à partir des sciences développées par l'homme et des sciences que l'on peut trouver dans la nature. Je m'inspire principalement du biomorphisme, de la bionique, et du biomimétisme pour m'intéresser aux formes, aux matériaux et aux structures les plus intelligentes existant dans la nature. Le but : inventer un nouveau modèle urbain postcarbone, postfossile, postnucléaire, capable de générer des bâtiments non pas inertes mais métaboliques, qui produisent leurs propres énergies renouvelables et qui recyclent leurs propres déchets en les transformant en ressources naturelles recyclées et recyclables à l'infini.

Il s'agit, in fine, de passer d'une économie urbaine linéaire où l'on produit, où l'on consomme et où l'on jette, à une économie urbaine circulaire dans laquelle tous nos déchets, ménagers et industriels, sont transformés en énergies selon des cercles vertueux.

C'est tout le challenge de ma génération de transformer les contraintes du dérèglement climatique en opportunités pour réinventer des villes intelligentes. Celles-ci ne sont pas basées sur des systèmes informatiques qui viennent implémenter nos qualités de vie par des données numériques : ce sont des cités qui se développent comme des écosystèmes mâtures. Je prends pour exemple principal les forêts tropicales qui utilisent la photosynthèse comme seule source d'énergie, qui ne produisent aucun déchet non recyclable, qui misent toujours sur la coopération entre les espèces, et qui adaptent toujours la forme à la fonction. La nature n'économise pas les ressources, elle les optimise par des boucles de rétroactions ! Ainsi, les cités fertiles et nourricières selon l'archibiotic réintègrent la biodiversité et les écosystèmes pour lutter contre le réchauffement climatique. Vers de nouvelles innovations sociales, elles désirent avant tout proposer de nouveaux modes de vie écoresponsables pour les Parisiens alliant l'évolution économique et le respect de l'environnement.

Paris historique, rue de Rivoli, 1er arrondissement.
Des tours solaires et hydrodynamiques bioclimatisent l'effet d'îlot de chaleur urbain.

Rendre les beaux quartiers aux Parisiens

Toute architecture naît d'un besoin et d'une ambition combinés. Au XIXe siècle, d'abord sous Napoléon qui souhaitait bâtir une rue prestigieuse dévolue au luxe, ensuite sous l'influence du préfet de Paris, le baron Haussmann, tous les bâtiments des Tuileries ont été soumis aux mêmes contraintes d'alignement et de gabarit. Le résultat, la rue de Rivoli, une rue monumentale aux lignes strictes et aux effets de perspective étonnants, une « rue mur » qui traverse le cœur de la ville et s'étend d'est en ouest sur près de trois kilomètres sur la rive droite de la Seine, *« une rue éternelle s'étirant élégante comme un I »*, disait Victor Hugo, mais une rue qui n'était pas seulement belle. Il y a deux siècles, elle eut non seulement le mérite de résoudre, au moins temporairement, les embarras de la circulation et les problèmes d'hygiène qui se posaient dans les vieux quartiers surpeuplés, mais aussi celui de contrôler les soulèvements populaires de la capitale. Rivoli devint alors un modèle pour l'ensemble des nouvelles voies parisiennes, au point que certains artistes de l'époque, comme l'architecte Charles Garnier, parlaient de *« monotonie étouffante »*.

Comme les touristes, et comme les Parisiens pas encore blasés, je suis un promeneur émerveillé par la beauté de ce quartier. Seulement, cette rue de Rivoli, dont les Parisiens peuvent être si fiers, à juste titre, parce qu'elle est superbe, parce qu'elle témoigne d'une grandeur passée, parce que le monde entier nous l'envie, qui peut y habiter en 2015 ? Quelques rares fortunes seulement. Les hôtels, les boutiques – de luxe pour la plupart – et les bureaux ont envahi tous les espaces. Chaque jour, des milliers de personnes viennent y travailler, parfois de très loin, après avoir passé plus d'une heure dans les transports en commun. Chaque soir, elles quittent, en masse, ces immeubles qu'il faut chauffer continuellement en hiver et dans lesquels on étouffe l'été ; elles vont chauffer ou rafraîchir leur propre logement, ailleurs… Mais si tous ces travailleurs pouvaient vivre là même où ils sont censés gagner leur vie ?

Le projet Mountain Towers n'a qu'une ambition : désasphyxier, dépolluer, redensifier et renaturaliser le type d'urbanisme hyperénergivore et spatiovore que la rue de Rivoli incarne aujourd'hui, tout en répondant au besoin de se loger. Ces montagnes bioclimatiques intègrent les énergies renouvelables sur les toits et en cœur d'îlots (les blocs d'immeubles délimités par les rues qui les entourent). Par leur verticalité, elles triplent l'offre de logement et distribuent les charges structurelles à travers les anciens conduits de cheminées condamnés et le long des façades des cours intérieures.

Trois types d'énergies renouvelables sont embarqués dans chaque tour autosuffisante : durant la journée, deux grands boucliers solaires photovoltaïques et thermiques (orientés selon la course du soleil) produisent de l'électricité et de l'eau chaude sanitaire. Ils sont inspirés de la structure finement ciselée des ailes de libellules, pas pour leur esthétique mais pour leur efficience (voir le projet manifeste Dragonfly, page 71). Durant la nuit, une station hydroélectrique réversible de pompage-turbinage fait s'écouler une cascade urbaine sur toute la hauteur de la tour entre deux bassins de rétention d'eau pluviale situés aux points haut et bas. On évite ainsi le recours à des batteries pour stocker l'électricité produite par les ailes de libellules solaires tout en rafraîchissant naturellement l'atmosphère. Le système global de production d'énergie fonctionne donc vingt-quatre heures sur vingt-quatre. Enfin, des balcons potagers ceinturent les plateaux habités. Ils permettent non seulement de produire une partie des aliments biologiques qui sont consommés sur place, mais aussi de filtrer en site propre, par phyto-épuration et biocompostage, les eaux grises rejetées par les habitants. Ils bioclimatisent également les logements par l'évapotranspiration des plantes.

L'immeuble haussmannien de demain sera un arbre habité, un véritable écosystème, capable de créer sa propre énergie et qui recyclera ses déchets en ressources naturelles illimitées. Il ne s'agit pas de mettre du vert dans la ville pour la seule beauté de la couleur ; la cosmétique ne m'intéresse pas si elle ne se double pas d'une fonction nécessaire. En l'occurrence, dans l'optique d'une ville pragmatique, rapatrier les agriculteurs au cœur de la ville et rendre les Parisiens cultivateurs, pour eux-mêmes et pour les autres, grâce à des vergers communautaires et des potagers suspendus est fondamental. Ce sera possible dans une ville plus dense, une ville qui optimise tous les espaces. Je m'attache à le démontrer à chaque étape de mon parcours, à commencer par les portes fluviales de Paris.

Rue
Saint-Honoré
Place
Vendôme
Rue
de Rivoli
Rue
de
Castiglione
Terrasse
des
Feuillants
Rue
de Rivoli
Rue
d'Alger
Jardin
des Tuileries
Métro
Tuileries

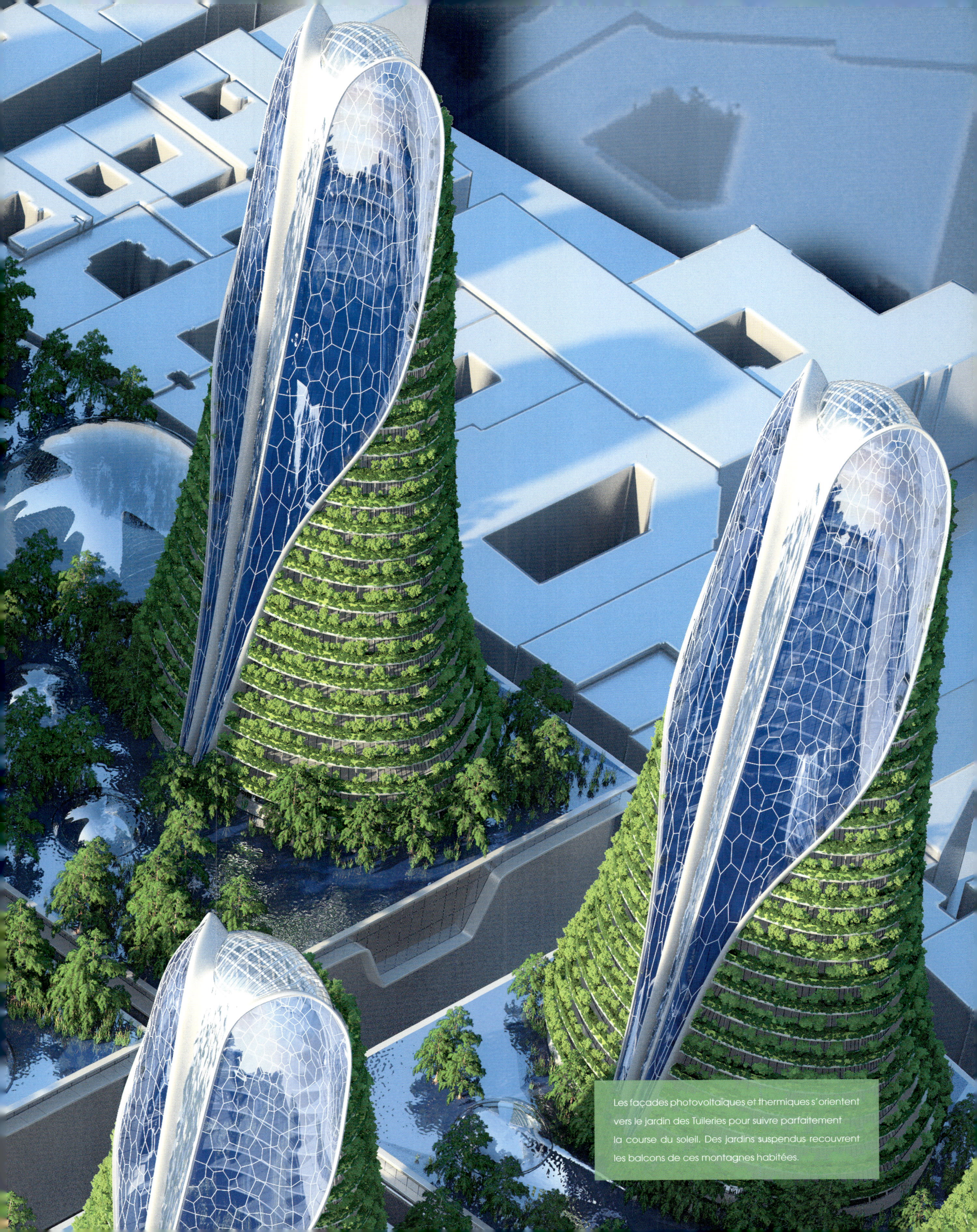

Les façades photovoltaïques et thermiques s'orientent vers le jardin des Tuileries pour suivre parfaitement la course du soleil. Des jardins suspendus recouvrent les balcons de ces montagnes habitées.

Deux bâtiments-ponts sur la Seine, reliant à l'Ouest les XVe et XVIe arrondissements, et les XIIe et XIIIe à l'Est. Denses en logements comme en jardins suspendus, ils utilisent l'énergie du fleuve et du vent.

Réinvestir les ponts et le fleuve

Il faut aller voir les tableaux du peintre Nicolas Jean-Baptiste Raguenet, au musée Carnavalet, pour se souvenir de ce que nos yeux n'ont pas pu voir : les ponts de Paris portant des maisons, des échoppes, créant un continuum urbain fonctionnel, culturel et marchand, entre la rive droite et la rive gauche. C'était au Moyen Âge... Aujourd'hui, trente-sept ponts permettent de franchir la Seine. Les automobiles, les bus et même certaines lignes de métro, avec éventuellement des trottoirs pour les passants, occupent toute leur surface. Je ne pourrais imaginer d'y dresser des bâtiments car cela détériorerait la perspective linéaire le long du fleuve dans le Paris intramuros. En revanche, créer deux nouveaux ponts paysagers habités aux portes fluviales de Paris, c'est-à-dire aux deux enjambements du boulevard périphérique, je suis pour !

Le projet Bridge Towers propose la construction de deux bâtiments-ponts qui permettront de densifier la ville par des écosystèmes verticaux denses en logements. Ils relieront en aval les XVe et XVIe arrondissements, à l'Ouest, et en amont les XIIe et XIIIe arrondissements, à l'Est. Ressemblant à des méduses émergeant des eaux, il s'agira de tours jumelles (l'une dévolue à l'habitat, l'autre aux espaces de travail) qui épouseront les structures des ponts en béton armé recouverts de jardins amphibiens. Ainsi, les deux vitrines d'entrée dans la cité par la voie fluviale seront extraordinairement valorisées : non seulement elles répondront à la crise du logement de la ville de Paris en intégrant un programme dense et mixte de pépinières d'entreprises, de logements sociaux, d'équipements communautaires et d'appart-hôtels susceptibles de répondre aux besoins d'une ville ouverte au reste du monde, mais en plus elles symboliseront une nouvelle forme d'innovation urbaine et sociale, à savoir l'habitat collectif propre, à zéro émission de carbone et à zéro déchet.

Voici comment cette performance sera possible : perforées par de larges caténoïdes (entonnoirs), les tours seront alimentées en énergie électrique grâce à des éoliennes multipales. Implantées dans l'axe des vents dominants ouest-est, ces éoliennes sont à sustentation magnétique et non à rotation mécanique. Elles ne dérangeront ainsi aucunement la quiétude sonore des habitants du pont. Elles seront suppléées par des hydroliennes (c'est-à-dire des turbines hydroélectriques) qui fonctionneront grâce à l'énergie cinétique de la Seine, ce qu'on appelle la fluviomotricité. Les augets de ces roues à eaux revisitées permettront en effet d'actionner le mouvement rotatif grâce au mouvement linéaire du fleuve. La pompe à chaleur, elle, permettra de capter les calories des eaux de la Seine pour chauffer ou rafraîchir les tours par un système de fluviothermie. Grâce à cette utilisation des énergies renouvelables, les tours-ponts seront donc également des bâtiments à énergie positive (BEPOS).

Je me vois très bien habiter dans une de ces tours-ponts que je viens de décrire. Si je suis encore de ce monde lorsqu'elles seront construites – telles que je les ai conçues, ou après modifications et améliorations ! –, j'espère pouvoir y loger. De même, je me vois parfaitement partir en balade sur la Seine à bord du Physalia, un bateau-jardin autosuffisant élaboré dans le but de nettoyer l'eau des fleuves et de la rendre potable (je le décris plus précisément page 105). À son bord, j'aurais plaisir à remonter le cours de la Seine pour accoster sur l'île de la Cité, et, de là, rejoindre la rive gauche et Saint-Germain-des-Prés (où j'ai passé tant de nuits à « charreter » avec ferveur au sein de l'agence de Claude Vasconi, l'un de mes maîtres) pour une promenade horizontale dans les jardins du Luxembourg… Avant de m'en offrir une autre à la verticale autour de la tour Montparnasse.

Le peintre Nicolas Jean-Baptiste Raguenet (1715-1793) s'était spécialisé dans les représentations des ponts de Paris encore habités, qu'on peut retrouver aujourd'hui au musée Carnavalet.

La Seine
en Amont
vers le
Pont de Garigliano
RER C
Quai
d'Issy-les-Moulineaux
Boulevard
Périphérique
vers la
Porte de Versailles
Bouygues
Telecom
Paris
La Seine
en Aval
Quai
aint-Exupéry
Bouygues
Immobilier
Microsoft
France
Quai
du
Président
Roosevelt
Hauts-de-Seine
TF1
Quai
Saint-Exupéry
La Seine
en Aval
vers le
Pont d'Issy-les-Moulineaux

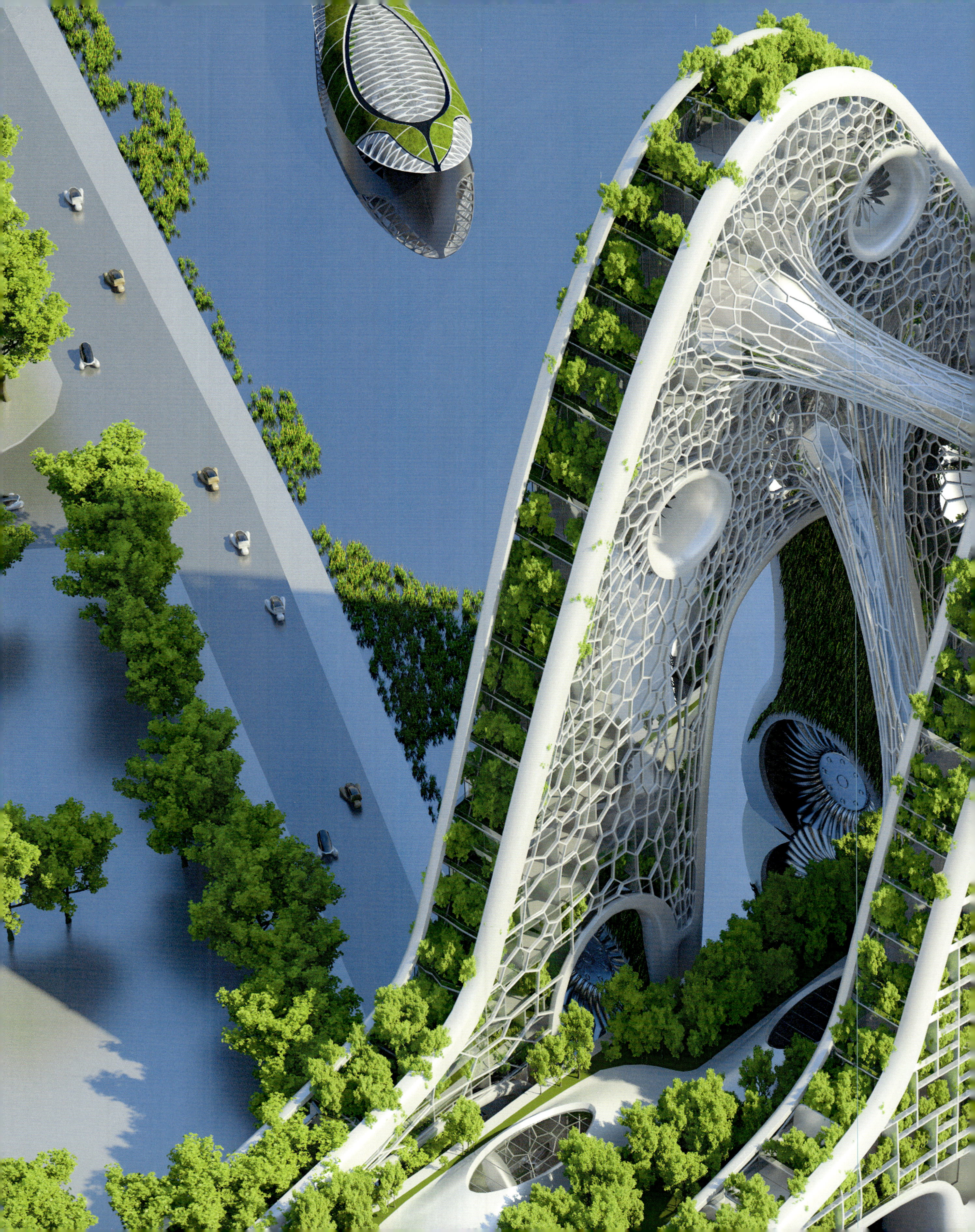

Le Périphérique qui franchit ici la Seine devient un véritable jardin amphibien. Les tours jumelées, de logements et de bureaux, s'échangent les énergies qu'elles produisent.

Dans la grande tour Montparnasse (XVe arrondissement), on travaille et on se promène. Véritable poumon urbain, elle étage des vergers publics qui s'enroulent en spirale autour de la structure existante. Ses petites sœurs, toujours avec vue sur le jardin du Luxembourg, sont dévolues au logement.

Se promener dans un parc à la verticale

La tour Montparnasse, les Parisiens ne l'ont pas aimée bien longtemps... Et c'est certainement son échec à séduire la population qui reste la cause, aujourd'hui, du rejet des bâtiments de grande hauteur dans la capitale. Sa première pierre fut posée en 1970 sur le site de l'ancienne gare Montparnasse : la circulation des trains, jusque dans la ville, n'était plus adaptée depuis longtemps au trafic ferroviaire et automobile. André Malraux, alors ministre de la Culture, et le président de la République française Georges Pompidou soutenaient le projet parce qu'ils avaient à cœur de doter la capitale d'infrastructures modernes : une nouvelle gare, donc, plus en retrait, mais surtout une tour, haute de 212 mètres (elle restera la plus haute tour d'Europe pendant plus de vingt ans), abritant des bureaux et un centre commercial.

Seule, rectangulaire, sombre, faisant porter son ombre noire sur tout le quartier, elle bouleversa brutalement le paysage. Au point qu'en 1975, trois ans seulement après son inauguration, la municipalité décida que la construction d'immeubles de plus de sept étages serait désormais interdite à Paris !

Que faire aujourd'hui de la tour Montparnasse ? La démolir serait un gâchis phénoménal (pour ne pas dire un chantier impossible, car comment recycler tous les matériaux qu'elle contient ?) et je suis convaincu qu'il y a un moyen d'améliorer son impact esthétique et son efficience environnementale. C'est le projet Photosynthesis Towers : d'une part, la tour est métamorphosée en un véritable Central Park à la verticale ouvert au public, d'autre part, tous ses vergers suspendus sont revêtus d'une robe de bioréacteurs d'algues vertes. Il s'agira donc d'un écosystème autosuffisant, carboneutre et exempt de combustibles fossiles. Les façades actuelles seront déposées et le gros œuvre existant, renforcé. Autour de celui-ci, des rampes serpenteront en spirale, menant dans un mouvement descendant les promeneurs depuis le ciel de Paris jusqu'à la terre ferme autour des cinquante-huit étages. Les pas des marcheurs seront valorisés par un système de dalles au sol piézo-électriques qui convertissent en énergie la pression exercée par les corps en mouvement.

Le bâtiment conservera son activité tertiaire : dans les échancrures triangulaires situées aux deux extrémités de la tour, des batteries d'ascenseurs publics à récupération d'énergie seront intégrées afin de dissocier les parcours des visiteurs de ceux des employés de bureaux. On lui greffera deux autres tours, plus petites, exclusivement consacrées à l'habitation, toujours dans le but de résoudre la crise du logement mais aussi afin de ne pas gaspiller l'énergie calorifique produite par les bureaux le jour en la retransmettant en début de soirée dans les logements via une ventilation double flux.

Des photobioréacteurs plans et triangulaires, construits en verre feuilleté, prendront place sur les murs rideaux des façades. Ces façades-aquariums, à l'intérieur desquelles seront cultivées des micro-algues vertes, capteront l'énergie solaire thermique et les rayons ultraviolets, et généreront de la biomasse utilisée pour produire du méthane. C'est ce qu'on appelle la biométhanisation. Le CO_2 rejeté par les employés de bureaux ainsi que tous les déchets organiques (provenant des cuisines, des sanitaires mais surtout des vergers suspendus) serviront de nutriments aux algues qui prolifèrent sous la radiation solaire. Ces bioréacteurs permettront de gagner en inertie thermique, avec jusqu'à 50 % d'économies de chauffage et de climatisation, tandis que la raffinerie de biofuel sera directement intégrée dans le socle de l'ensemble afin de produire la chaleur et l'électricité visant l'autosuffisance énergétique de la trilogie des tours.

Nous sommes peu nombreux à essayer de faire fusionner les sciences dans l'architecture. Physique, chimie verte, biologie, botanique, sociologie, recherche fondamentale : je suis enthousiasmé par les chercheurs de mon âge qui travaillent dans leurs laboratoires universitaires pour trouver des solutions innovantes. Moi, je n'ai pas tout leur savoir ni leurs compétences, je suis loin d'être omniscient, mais j'essaie de mettre en œuvre et en situation leurs découvertes. L'archibiotic, c'est aussi ça : quand j'entends parler de processus scientifiques qui m'intéressent, j'essaie d'entrer en contact avec leurs auteurs ou bien, de mon côté, avec mon équipe, de proposer un scénario autour de ces processus. C'est ce qui s'est passé pour les algues vertes.

Elles sont venues vers moi pendant l'été 2009. En écoutant les informations à la radio, j'ai appris qu'un cheval était mort sur une plage des Côtes-d'Armor. Il s'était enlisé dans les algues qui, s'étant amassées là, avaient commencé à se décomposer, et il avait été intoxiqué par l'hydrogène sulfuré qu'elles dégageaient. Ainsi, ces algues tant décriées, car issues de notre agriculture intensive rejetant trop de nitrates et de potassium dans les nappes phréatiques, étaient capables de générer un gaz en grande quantité… Il y avait quelque chose à faire, et je me doutais bien que d'autres que moi, ailleurs dans le monde, y avaient déjà pensé ! En effet. Quelques recherches basiques sur Internet m'ont guidé vers le Texas, aux États-Unis : à l'écart des villes, ils recouvrent les déserts d'algues vertes qui recyclent les déchets rejetés par les hôtels, et ils en font de l'électricité ! C'est ce même procédé que j'ai poussé plus avant dans le projet Hydrogénase (voir page 181) et sur les façades de la tour Montparnasse telle que je l'imagine dans quelques décennies.

Étymologiquement, le mot architecture vient du latin *architectura*, lui-même formé à partir d'un terme grec ancien mêlant maître maçon, chef et charpentier. Moi, j'y mets aussi la notion d'art qu'on entend dans la première syllabe. D'ailleurs, lorsque j'étais enfant, je nourrissais la terrible ambition de devenir artiste peintre. Mon père, pragmatique et sage, m'a encouragé à faire des études, à apprendre un métier, et j'ai suivi son conseil. Toutefois, lorsque je cherche à donner un nouveau visage aux façades les moins attirantes de Paris, je reviens à mes premières amours. On peut ne pas apprécier mon « œuvre » mais en ce qui me concerne, pour la tour Montparnasse comme pour les tours du quartier Masséna, dans le XIIIe arrondissement, je suis confiant en l'avenir car je ne propose pas seulement de les maquiller pour cacher leurs défauts actuels, mais aussi de les transformer intelligemment, dans l'intérêt de tous.

Tour
Montparnasse
Gare
Montparnasse
Avenue du
Maine
Rue de
l'Arrivée
Square
Gaston Baty
Boulevard du
Montparnasse
Rue du
Départ
Metro
Edgard Quinet
Place du
18 Juin 1940
Galeries
Lafayette
Rue de
Rennes
Boulevard du
Montparnasse

La résille qui enrobe les trois tours porte le surpoids des vergers suspendus. Elle est ciselée de bioréacteurs d'algues vertes qui recyclent les déchets organiques de la tour et les transforment en réseau de chaleur et d'électricité.

Les tours du XIIIe arrondissement symbolisent le Paris moderne émergé dans les années 1960. Elles sont transformées en tours maraîchères thermodynamiques, avec balcons potagers.

Valoriser les tours du passé

Le quartier des Olympiades et l'ensemble Masséna, dans le sud du XIIIe arrondissement, ont été érigés dans les années 1960 sur les terrains de l'ancienne usine de construction Panhard & Levassor, le long du tracé de la Petite Ceinture. Ils sont issus d'un programme d'urbanisme vaste (mais inachevé) appelé Italie 13, conçu dans l'esprit de la charte d'Athènes, de Le Corbusier. L'architecte et ses confrères d'avant-guerre avaient réfléchi à la planification et à la conception des villes modernes, et abouti à une conclusion majeure : il fallait bâtir des zones indépendantes pour chaque fonction fondamentale que sont l'habitat, le travail, les loisirs et les transports. Bref, tout le contraire de ce que préconise l'urbanisme contemporain des Smart Cities. Opération pourtant réussie alors dans ce quartier de Paris, la diversité exemplaire de l'offre résidentielle et des services y ayant engendré une mixité rare dans des ensembles de taille comparable. Aujourd'hui cependant, il est urgent de le repenser dans l'optique de renforcer sa pérennité via la multifonctionnalité et le multiculturalisme.

Le projet Bamboo Nest Towers tend à végétaliser les treize tours de l'ensemble Masséna en préservant sa mixité sociale. Tel que je l'imagine, en 2050, ce quartier (aussi appelé Villa d'Este), présentant la concentration de tours la plus élevée de Paris, sera un emblème du rapatriement de l'agriculture urbaine domestique étagée à la verticale au cœur de la capitale. Les tours Puccini, Palerme, Rimini, Verdi, entre autres, seront enveloppées d'un exosquelette en bambou tressé. Ce treillis 3D écologique et durable permettra de porter structurellement le surpoids des balcons potagers individuels et des vergers communautaires ceinturant les logements existants. D'autre part, les caténoïdes formés par la géométrie du tressage accentueront l'effet Venturi, accélérant ainsi la force des vents dominants afin d'augmenter le rendement des éoliennes tripales insérées en leur sein[3]. Au pied des tours, leurs angles arrondis permettront quant à eux de limiter les effets de turbulence des vents et donc d'augmenter le confort des piétons.

On comptera trois sources d'énergie majeures : d'abord, la bioclimatisation naturelle de l'atmosphère fournie principalement par l'évapotranspiration des plantes, ensuite les fermes éoliennes axiales implantées sur les toits et les éoliennes tripales installées dans les caténoïdes ; enfin, et ce sera la plus

3. L'effet Venturi, du nom du physicien Giovanni Battista Venturi, est un phénomène aérodynamique : si la section dans laquelle circule l'air diminue, le mouvement de l'air doit accélérer pour maintenir le débit.

importante, une centrale thermodynamique à concentration. Celle-ci sera composée d'un collecteur implanté sur la tour Abeille (la plus haute de l'ensemble située le long de la Petite Ceinture) et de miroirs paraboliques héliostatiques (comme les fleurs du tournesol, ils s'orientent vers le soleil en suivant sa course). Plantés sur les toits parisiens en zinc, ils concentreront vers le collecteur les rayons du soleil afin de faire monter en température un fluide caloporteur. Ce liquide caloporteur sera envoyé dans une chaudière transformant l'eau en vapeur. La vapeur fera tourner des turbines qui entraîneront des alternateurs, produisant ainsi de l'électricité même en dehors des heures d'irradiation solaire.

Penser Paris en 2050 n'implique donc pas de faire table rase du passé, au contraire. On l'a vu avec la tour Montparnasse, et maintenant avec l'ensemble Masséna, toute réalisation en apparence dépassée peut être transformée, améliorée, voire révolutionnée, sans que ses utilisateurs actuels se trouvent lésés. Ils vont même pouvoir récupérer des espaces abandonnés et des fonctions qui leur ont été enlevées au fil du temps, et dont on sait qu'elles sont essentielles au bien-être physique et moral, comme les jardins potagers ou les terrains de sports collectifs pour les enfants. Par ailleurs, la ville de demain offrira aux Parisiens de se réapproprier des bâtiments devenus obsolètes, n'ayant pas su évoluer avec notre mode de vie. Je pense notamment au tracé de la Petite Ceinture, tristement délaissée alors qu'il s'agit d'une émeraude méconnue de la capitale.

Eglise
St Hyppolyte
Boulevard
Masséna
Métro
Porte de Choisy
Jardin
Gandon

Les boutiques de proximité ponctuent la Petite Ceinture jusqu'au parc Montsouris tandis qu'en point de mire de la perspective, la tour Abeille concentre les rayons du soleil dans sa centrale thermodynamique.

La Petite Ceinture, qui entoure Paris à l'intérieur des boulevards des Maréchaux, forme ici un corridor écologique de 32 kilomètres ponctué de tours dépolluantes photocatalytiques luttant contre le smog, le nuage photochimique de pollution.

Se réapproprier les espaces oubliés

Ancienne ligne de chemin de fer à double voie et longue de trente-deux kilomètres, la Petite Ceinture faisait le tour de Paris à l'intérieur des boulevards des Maréchaux. Elle présentait un double intérêt : relier entre elles les lignes radiales qui partent des grandes gares parisiennes, permettant les échanges de fret entre les réseaux, et desservir les fortifications de Paris, par l'intérieur, pour des raisons stratégiques. Désertée par les Parisiens au profit du métro, la ligne a été, pour l'essentiel de son parcours, fermée au trafic de voyageurs le 23 juillet 1934. Depuis... Il ne s'est pas passé grand-chose sur son tracé et la nature endémique y a repris ses droits. Je propose de boucler ce corridor écologique au cœur de Paris, et de le ponctuer de tours dépolluantes photocatalytiques, les Antismog Towers.

Actuellement, 60 % du tracé de la Petite Ceinture se trouvent à l'air libre (tranchée ouverte, à niveau, en remblai, en viaduc), et les 40 % restants sont en souterrain, en tranchée couverte ou en tunnel. Les Antismog Towers projettent de renaturaliser le tracé ferroviaire en poumon vert par l'intégration de jardins maraîchers communautaires cultivés par les riverains. Les pistes cyclables et les potagers urbains viendront ainsi s'enrouler à la verticale autour de tours cycloniques dépolluant les sols par phyto-épuration (c'est-à-dire par la filtration des plantes) et épurant le smog, ce brouillard photochimique de pollution, grâce à leur structure photocatalytique en dioxyde de titane qui attire et neutralise tel un aimant les particules de plomb et autres gaz à effets de serre sous l'action des ultraviolets. Ces tours dépolluantes offriront une forte densité urbaine de logements maraîchers grâce à leur impact minimal au sol et leur architecture en évasement. Elles seront implantées aux croisements géographiques des boulevards radiants parisiens et de la Petite Ceinture, ainsi que le long des grands écosystèmes existants tels que les Buttes-Chaumont, le parc Montsouris ou le parc André-Citroën.

Sur le plan thermique, le différentiel de température avec les tunnels de la Petite Ceinture sera mis à profit pour créer des cheminées à vent au cœur des tours permettant de bioclimatiser l'air ambiant des activités collectives. Des puits canadiens permettront de bénéficier de l'inertie du sol (constante à Paris entre 15 et 18° C), en injectant de l'air et de l'eau à température extérieure au travers de canalisations souterraines distinctes – afin de s'échauffer en hiver ou bien de se rafraîchir en été – avant de les insuffler dans les logements. Ce système géothermique offrira ainsi une augmentation de température, en hiver, ou une diminution, en été, variant de 7 à 10° C selon les saisons. Ces mêmes tunnels, qui accueilleront des *data centers*, des commerces équitables et bios ou des *fab labs* mettant à disposition des imprimantes 3D par exemple, seront éclairés par les dalles piézo-électriques transformant les pas des promeneurs en électricité. Au final, la Petite Ceinture reprendra vie de nuit comme de jour par ses promenades, par son activité maraîchère, et même par son utilité dans les secteurs de l'artisanat et des laboratoires de fabrication. Le tout sans nécessiter la moindre consommation d'énergie extérieure !

Petite
Ceinture
Petite
Ceinture
Rue Gazan
Rue de l'Amiral
Mouchez
Rue de
Rungis
Rue Liard
Rue d'Arcueil

Les tunnels de la Petite Ceinture sont naturellement ventilés grâce à des cheminées à vent situées au cœur des tours. Celles-ci produisent également l'électricité pour éclairer les passages souterrains et sécuriser la promenade.

Sur le boulevard périphérique, la porte des Lilas, à la limite des XIXe et XXe arrondissements, devient une ruche de logements alvéolaires énergétiquement connectés.

Renforcer les liens entre les habitants

C'est une évidence : un bon climat social règne plus facilement dans une ville où chacun trouve sa place, quels que soient ses moyens. Il règne d'autant plus lorsque les habitants ont la possibilité de se regrouper selon un mode de vie et des valeurs qu'ils partagent volontiers. Depuis quelques années, on voit de plus en plus de familles ou de collègues de bureaux organiser des espaces communautaires dans les immeubles où ils vivent ou travaillent. Ce sont le plus souvent des jardins partagés, parfois des buanderies, des cuisines… En renforçant la verticalité de l'habitat et en multipliant les espaces de circulation propices à la rencontre, en augmentant la surface des paliers d'ascenseur transformés en salles de jeux pour les enfants par exemple, ou encore en transformant les toits en vergers et en potagers, on renforcera aussi les contacts entre les gens. C'est un des aspects des Honeycomb Towers que j'ai imaginées porte des Lilas. Il s'agit d'une ruche de logements alvéolaires énergétiquement solidaires.

Inspirées par les courants hygiénistes et paternalistes de la bourgeoisie moderniste du Second Empire, désireuse de loger les ouvriers, les HBM (Habitations bon marché, actuelles HLM) sont apparues pendant la révolution industrielle. Elles sont principalement implantées dans la zone *non aedificandi* des anciennes fortifications (enceinte de Thiers) entre les boulevards des Maréchaux et le périphérique. En briques orange, hauts généralement de six étages, ces bâtiments sont réservés aux foyers modestes et populaires de la capitale. Cette ceinture de HBM est au cœur de la problématique de la rénovation énergétique du bâti ancien à Paris. En effet, les ponts thermiques et les phénomènes de parois froides découlant de l'hétérogénéité des matériaux (béton en structure / brique en façade) constituent de véritables challenges d'isolation intérieure, thermique et hydrométrique. En vue d'accroître l'offre de logements dans Paris, les Honeycomb Towers proposent de doubler la hauteur de ces HBM par une architecture parasite ajoutant de petites maisons individuelles imbriquées les unes aux autres.

Tel un nid d'abeilles aux alcôves hexagonales, cette greffe urbaine offrira aux nouveaux habitants des potagers et des vergers suspendus, rapatriant ainsi en ville les avantages d'un pavillon individuel rural. Structurellement, cette ruche est portée par une ossature métallique qui descend les charges verticalement à travers les conduits de cheminées existants traversant les immeubles. La structure évolutive en nid d'abeilles permettra d'augmenter la résistance de la tour tout en lui garantissant une légèreté maximale. Le module unifamilial sera standardisé, préfabriqué et prééquipé en usine. Plusieurs modules pourront aussi être assemblés entre eux pour élargir la famille. Les concepts de double mur et de double plancher seront directement intégrés pour une flexibilité spatiale maximale, une innervation efficiente des fluides et des TIC, et une isolation thermique et phonique optimale. Ce mécano géant à la silhouette organique se transformera en un véritable jardin nourricier en sustentation dans le ciel, invitant la faune et la flore parisienne à y nicher. Les toitures seront recouvertes de panneaux solaires thermiques et photovoltaïques tandis qu'un réseau géothermique innervera chaque maison.

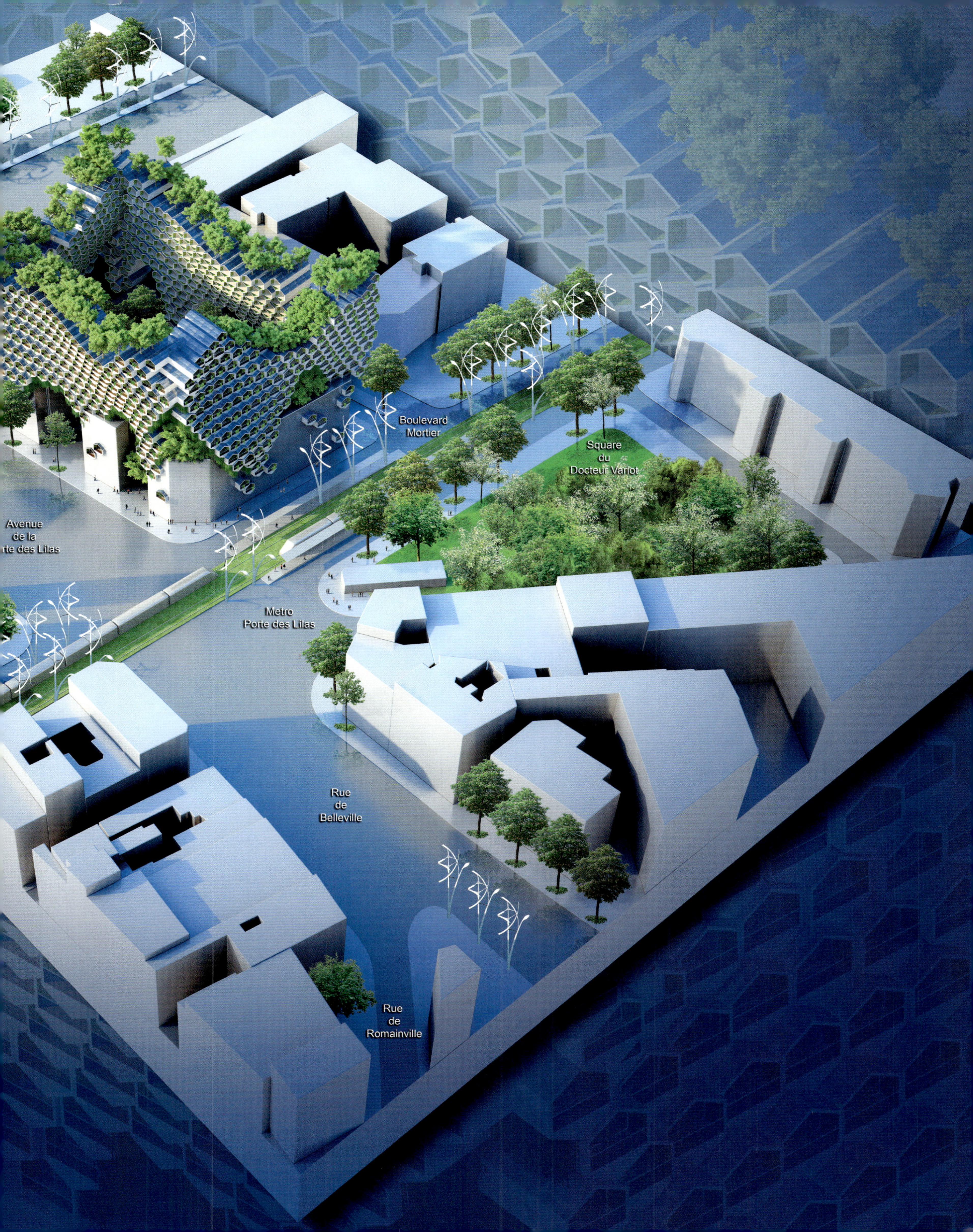
Boulevard
Mortier
Square
du
Docteur Variot
Avenue
de la
rte des Lilas
Metro
Porte des Lilas
Rue
de
Belleville
Rue
de
Romainville

Surplombant un HBM (Habitat à bon marché), les modules en nid d'abeilles sont préfabriqués et standardisés en usine. Ils permettent d'empiler des pavillons de campagne avec jardin privatif, mais cette fois au cœur de la ville.

ARMURERIE

La porte d'Aubervilliers, aujourd'hui point de rupture entre le nord de Paris et la banlieue, reprend vie par l'implantation de fermes verticales qui empilent des champs d'agriculture biologique.

Rapatrier la campagne dans la ville

Lorsque je me projette en 2050 dans Paris, cette « cité intelligente » que je m'attache à promouvoir, j'imagine une promenade qui me mène du cœur de la capitale à ses « frontières » et sa banlieue, l'ensemble formant un tout cohérent : une ville fertile dans son ensemble puisque chacun de ses quartiers serait émaillé de bâtiments dédiés au logement, au travail, au loisir et à l'agriculture à la fois. Et cela, aussi loin que porte le regard, notamment porte d'Aubervilliers. Il y a là un espace énorme que les habitants d'Île-de-France méconnaissent ou ignorent carrément. Et c'est normal : le rond-point situé au-dessus du boulevard périphérique de Paris et donnant sur la commune d'Aubervilliers reste un véritable no man's land urbain asphyxié par le tout-automobile de l'urbanisme d'après-guerre ! Tandis que la zone nord située sur la commune d'Aubervilliers connaît des transformations importantes depuis 2005 avec la construction du siège social d'Icade, du centre commercial du Millénaire (2011), puis du siège social de Veolia (2016), la jonction des quartiers du Pont-de-Flandres dans le XIXe arrondissement et de la Chapelle dans le XVIIIe arrondissement de Paris est laissée à l'abandon.

Le concept des Farmscrapers Towers a pour but d'articuler la ZAC Claude-Bernard et sa forêt linéaire avec le projet Plaine Commune d'Aubervilliers. Il s'agit de construire une véritable ferme verticale qui rapatrie la campagne aux portes de la ville et qui, à moyen terme, cicatrise la balafre urbaine du périphérique en couturant le Paris intramuros avec sa banlieue proche par un maillage vert. En effet, à chaque porte de Paris, ce prototype de Farmscraper étageant des champs d'agriculture ponctuerait le périph' dont le trafic serait progressivement recouvert d'une forêt urbaine dédiée aux énergies renouvelables du bois de Boulogne au bois de Vincennes.

Lorsque j'ai découvert ce type de fermes telles que les avait imaginées en 1999 le professeur Dickson Despommier, un chercheur en santé environnementale et microbiologie à New York, j'ai été emballé par le concept et je me suis permis de me l'approprier, et de le transformer, dans l'un de mes quatre projets manifestes, Dragonfly (voir page 71). Les Farmscrapers Towers de la porte d'Aubervilliers en sont une déclinaison. Trois tours maraîchères aux allures de cairns, implantées sur une forêt urbaine en forme de raie manta, filtrant l'air vicié du tunnel, viennent empiler une programmation mixte de logements, de bureaux en coworking, et d'hôtels sous forme de galets. Comme nos lunettes de soleil, les façades en verre à solarisation changent progressivement d'opacité pour quantifier exactement la quantité de chaleur et de lumière dont chaque culture a besoin. Ces tours étagent en leur sein des champs, des vergers et des potagers cultivés par des agriculteurs urbains. Ainsi, les modes de production alimentaire à moyenne et grande échelle sont rapatriés sur le lieu même de la consommation. Les agriculteurs sont enfin de retour dans notre ville presque exclusivement tertiaire depuis un demi-siècle !

Ce projet pionnier d'agriculture urbaine vise les huit objectifs suivants : la diminution de l'empreinte écologique valorisant la consommation locale par son autonomie alimentaire et par la réduction des moyens de transports ; la réintégration d'emplois locaux dans les secteurs primaire et secondaire coproduisant des denrées fraîches et biologiques ; le recyclage en boucle courte et fermée des déchets organiques par compostage anaérobie (sans oxygène pour accélérer la fermentation), piles à combustible à hydrogène et lagune de phyto-épuration ; l'économie du territoire rural, réduisant la déforestation, la désertification et la pollution des nappes phréatiques ; l'oxygénation des centres-villes pollués dont la qualité de l'air est saturée en particules de plomb ; la fin du recours systématique aux pesticides, insecticides, herbicides et engrais chimiques ; l'économie de la ressource en eau par le recyclage des eaux urbaines ; et enfin la protection des cycles écosystémiques au cœur de la cité. C'est un projet de pierres vivantes BEPOS réintégrant la biodiversité et réinventant le rôle de nos agriculteurs !

Lorsque je présente l'ensemble des huit projets de Paris Smart City 2050 face à des assemblées d'étudiants, d'investisseurs, de scientifiques, d'ingénieurs, je croise d'abord des regards amusés, sceptiques, voire franchement moqueurs. « Ce type est complètement dingue », ont l'air de penser certains de mes spectateurs. Peu à peu pourtant, ils se montrent surtout étonnés, et je vois leur cou se tendre vers moi, et leur visage afficher de la curiosité. Puis de l'intérêt. Il arrive que les mêmes auditeurs tout à fait fermés au début de mon exposé finissent de m'écouter bouche bée, enthousiastes. C'est lorsqu'ils sont convaincus – comme le sont mes lecteurs à ce stade de la lecture de ce livre, je l'espère ! – que je les emmène dans le dernier projet de l'ensemble, peut-être le plus spectaculaire, celui qui prend place sur le site de la gare du Nord que j'emprunte si souvent pour aller me ressourcer auprès des miens. Ce sont les Mangrove Towers, des tours photosensibles enracinées sur des quais piézo-électriques.

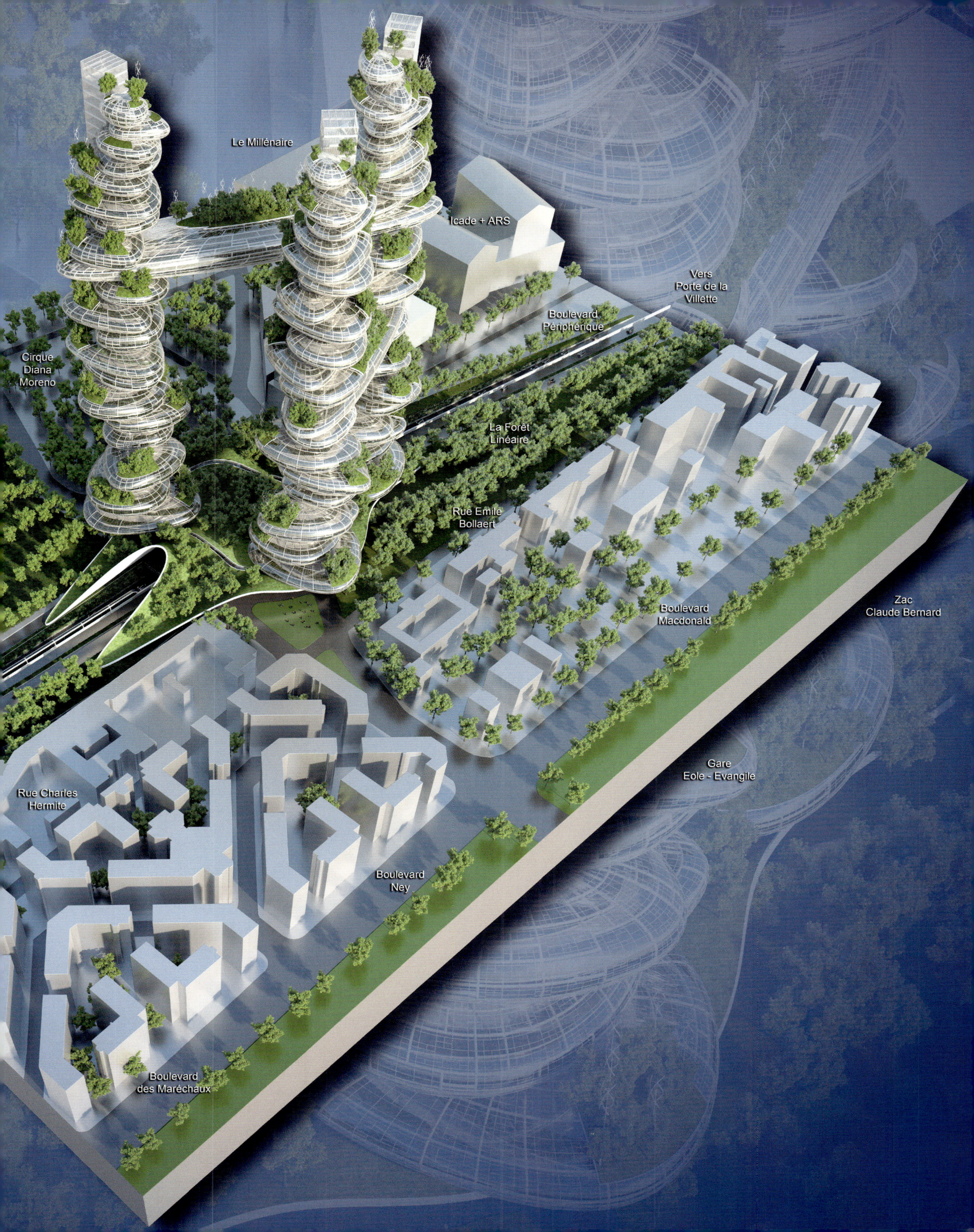

Le Millénaire
Icade + ARS
Vers Porte de la Villette
Boulevard Périphérique
Cirque Diana Moreno
La Forêt Linéaire
Rue Emile Bollaert
Boulevard Macdonald
Zac Claude Bernard
Gare Eole - Evangile
Rue Charles Hermite
Boulevard Ney
Boulevard des Maréchaux

Les espaces agricoles sont lovés au sein de galets solarisés dont les façades transparentes peuvent changer d'opacité. Les trois fermes verticales s'implantent sur une forêt urbaine qui recouvre le Périphérique sous forme d'une raie manta géante, unifiant les quartiers voisins.

TRANSRAPID PARIS 2050

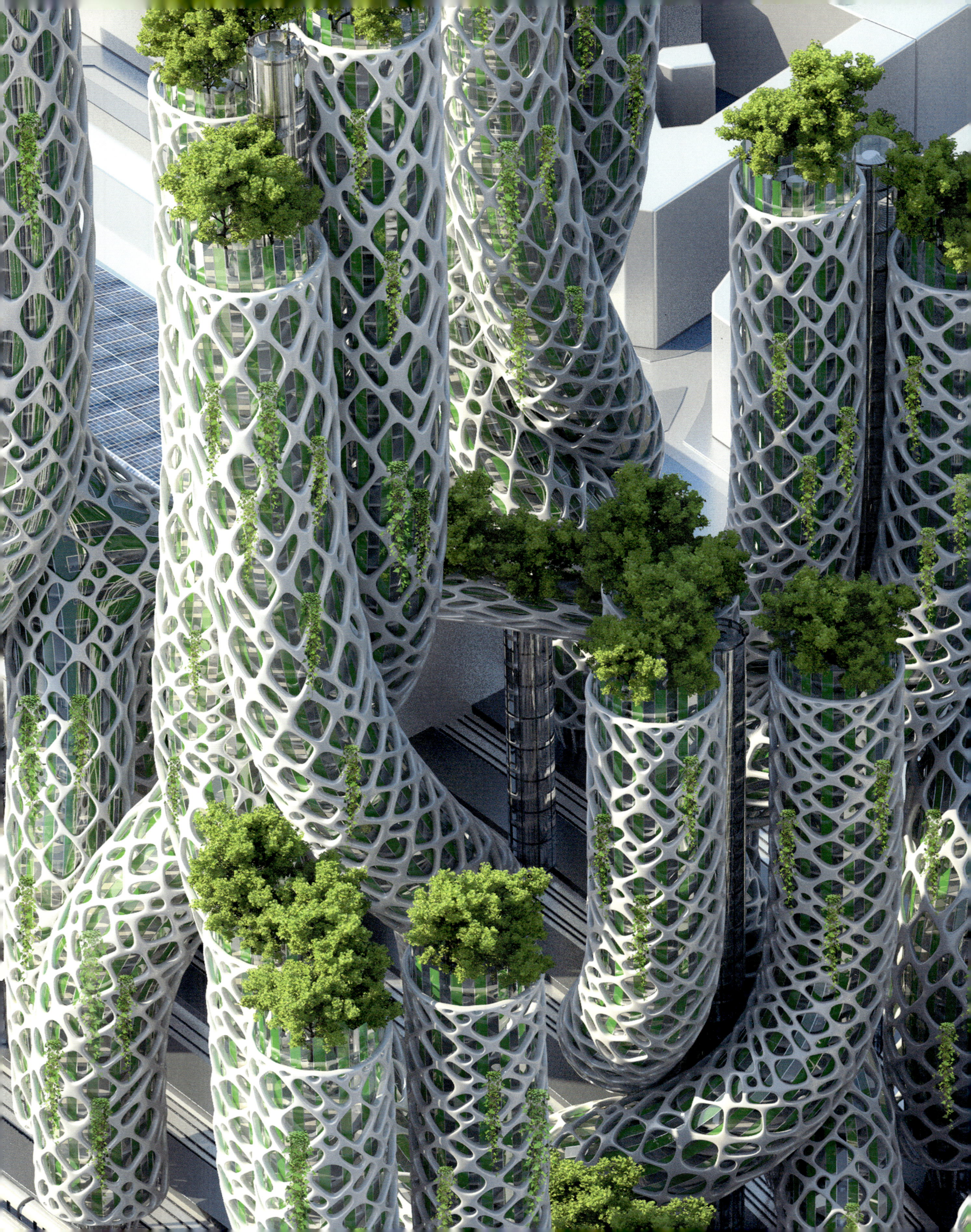

Les quais de la gare du Nord (X^e^ arrondissement), pourvus au sol de dalles piézoélectriques, concourent à fournir l'énergie des tours photosensibles qui s'y enracinent tels des palétuviers.

Habiter même les gares

La capitale compte sept gares de la SNCF (gare du Nord, gare de l'Est, gare Saint-Lazare, gare Montparnasse, gare d'Austerlitz, gare de Bercy et gare de Lyon) qui représentent une superficie totale de plusieurs dizaines d'hectares. Cela en fait des espaces susceptibles d'être densifiés à la verticale… Pour sa capacité de voyageurs, la gare du Nord est la première d'Europe en termes de trafic et la troisième au monde après celles de Tokyo et de Chicago ! Au cœur de ce carrefour multimodal européen, plus de sept cent mille voyageurs embarquent en effet chaque jour dans les deux mille trains empruntant les trente-deux voies… Cela en fait, des pieds et des pas !

Les tours Mangrove seront construites sur ce territoire de fer et d'acier dessiné par les fourches des rails entrecroisés. Elles se marieront à l'architecture néoclassique moderniste de la gare du Nord dont la construction de la grande halle date de l'exposition universelle de 1855. Implantées directement sur les quais de la gare du Nord, elles seront ramifiées entre elles comme un écosystème résilient au dérèglement climatique. Elles accueilleront une programmation mixte de bureaux, d'hôtels et de logements voués à une clientèle internationale et nomade. Véritable forêt de tours végétales, cette mangrove urbaine sera à énergie positive à hauteur de 290 %, c'est-à-dire qu'elle produira 190 % de plus-value énergétique. Le quartier de la gare du Nord sera alors l'un des plus solidaires sur le plan environnemental de toute la capitale !

Le projet sera donc conçu par la cogénération d'énergies renouvelables inédites afin de présenter un bilan carbone zéro. En effet, les quais de la gare seront tapissés de capteurs piézo-électriques se polarisant sous l'action de la contrainte mécanique générée par les pas des voyageurs. Les façades tubulaires seront quant à elles composées de cellules Grätzel (de l'ingénieur suisse du même nom) formant un épiderme photoélectrochimique inspiré de la photosynthèse végétale qui, exposé à la lumière (photons), produira également de l'électricité par électrolyse. Enfin, ces tours ne seront pas seulement autosuffisantes en énergie, mais également dépolluantes grâce à leur structure photocatalytique en dioxyde de titane. Cette structure autonettoyante en branches (imitant l'écorce des palétuviers) provoquera ainsi, sous l'action du rayonnement solaire et en présence d'oxygène et d'humidité, la dégradation des matières organiques, solides, liquides ou gazeuses, présentes dans le smog urbain (destruction des COV – composés organiques volatiles – et destruction des NOX – oxydes d'azote).

L'ouverture de la Petite Ceinture doit se faire, comme la rénovation des tours du XIIIe arrondissement, de la tour Montparnasse, comme la couverture d'une partie du périphérique, et j'espère participer activement au modelage de la nouvelle ville de Paris. Les tours-ponts habités ne sont pas une hérésie... Les élus politiques sont frileux mais mon travail, à long terme, est de les réchauffer. Le temps de l'architecture est long, je l'ai intégré, je m'y adapte. La chance de ma génération est d'arriver dans un monde de l'architecture hyperinternationalisé. Depuis New York jusqu'à Shanghai en passant par Monaco ou Port-au-Prince, j'ai eu la chance et l'opportunité de me faire connaître dans le monde entier, avec pour seul bagage des projets architecturaux ambitieux porteurs d'idées nouvelles et fortes que la presse a appelés « projets manifestes ». Bon nombre de solutions y figurent, les voici.

Place Napoléon III
SNCF Gare du Nord
Hôpital Lariboisière
Barbès - Rochechouart
Rue de la Goutte d'Or
Boulevard de la Chapelle
Rue du Faubourg Saint-Denis
Rue Jessaint
La Chapelle
Gare de l'Est

Les pas des 750 000 visiteurs qui empruntent quotidiennement les 32 quais de la gare du Nord sont transformés en énergie, tandis que les façades électrolytiques transforment en électricité la lumière diffuse qui perce les nuages.

II.
MES PROJETS MANIFESTES

Chacun de mes « projets manifestes » incarne une proposition spontanée pour accélerer l'innovation vers de nouveaux modes de vie alternatifs et écoresponsables. Ainsi, Dragonfly, implanté sur la pointe sud de la Roosevelt Island, apporte une réponse à la question de l'alimentation des citadins par le biais de la réintégration de l'agriculture au cœur même de la ville.

Des fermes verticales pour nourrir les villes

Dragonfly signifie libellule en anglais, comme l'insecte des étangs dont je me suis inspiré pour concevoir ce prototype de ferme urbaine verticale. Avec ce projet, l'archibiotic prend tout son sens puisqu'il s'appuie sur l'une des structures les plus efficientes existant dans la nature : les ailes de la libellule capable de porter jusqu'à cinquante fois son propre poids. J'ai publié ces plans et ces dessins en 2008 sur le site de mon agence et sur les réseaux sociaux ; ils ont aussitôt provoqué un tsunami d'intérêt de la part du public comme des professionnels de l'architecture, de l'ingénierie et de l'agro-alimentaire. La presse internationale a parlé d'un « projet manifeste » parce que Dragonfly affiche clairement l'essence même de mon travail : proposer des solutions pour modifier nos comportements face aux changements climatiques. Réduire notre impact environnemental. Et construire, communautairement, des cités écoresponsables.

Fini la malbouffe ! Les citadins de ce début de siècle s'orientent vers l'appartement potager qui rapatrie la campagne dans nos villes densifiées. Sur les toits, les terrasses, les balcons, au creux des espaces publics non bâtis, dans les cours intérieures et les serres suspendues, l'écocitoyen aspire à se soustraire à l'univers compétitif et consumériste qu'imposent les lois du marché, à cultiver son paysage immédiat afin de mieux s'enraciner dans la terre, et à créer sa propre biodiversité.

C'est une ambition économique et sociale nécessaire. En effet, selon le Programme des Nations unies pour le développement (PNUD), 5.5 milliards de Terriens vivront en milieu urbain en 2025. Dans seulement dix ans ! Afin d'éviter l'asphyxie de la planète et de ses 9 milliards de bouches à nourrir d'ici 2050, il s'agit donc de réinventer le modèle énergétique global entre ville et campagne, entre pays occidentaux, pays émergents et pays en voie de développement. L'agriculture urbaine est l'une des solutions majeures pour s'autosuffire tout en recyclant ses eaux usées en eaux pures par phyto-épuration, ses déchets solides en engrais par compostage, et en produisant de l'énergie par biomasse, piles à combustible et autres énergies renouvelables (solaire thermique, solaire photovoltaïque, éolienne, fluviomotrice, etc.)

En 2006, le professeur américain Dickson Despommier, véritable pionnier, avait lancé l'idée de rétablir des cercles vertueux dans une agriculture étagée au cœur d'une tour cylindrique qu'il avait appelée « ferme urbaine ». Son concept : nourrir la ville sans pesticides ou fongicides chimiques en organisant la distribution des produits frais en circuits courts, c'est-à-dire en lien direct avec les agriculteurs, dans la logique, en France par exemple, du mouvement des locavores et des AMAP (Associations pour le maintien d'une agriculture paysanne). En plus des qualités nutritives des aliments bio, l'agriculture urbaine est, selon ses recherches, un formidable levier de croissance du marché de l'emploi. Du point de vue sanitaire, son approche agricole présente aussi un potentiel intéressant pour économiser le territoire et les ressources en eau nécessaires à l'irrigation, pour la décontamination des sous-sols pollués par les plantes, ainsi que pour l'épuration par la photosynthèse de l'atmosphère urbaine viciée, chargée de CO_2. En bref, ce concept répond, en complémentarité avec l'agriculture rurale traditionnelle, au défi de produire non seulement de façon plus écologique, mais aussi plus intensive, sur une planète non extensible.

Rapatrier les lieux de production alimentaire au cœur des lieux de consommation, j'avais trouvée l'idée enthousiasmante car elle cassait enfin le scénario infernal de nos villes occidentales basé, d'une part, sur l'importation de ressources naturelles et alimentaires depuis l'autre bout du monde, et, d'autre part, sur l'exportation de déchets et de pollution. Mais selon moi, ce concept présentait un fabuleux potentiel de développement encore inexploité : finalement, la tour de Dickson Despommier – uniquement usine de fruits et légumes – n'était pas habitée, la vie du riverain n'était pas beaucoup changée, et cette ferme restait trop énergivore en éclairage LED, dépendant ainsi de l'électricité provenant du réseau urbain.

J'ai donc tenté de poser des jalons conceptuels supplémentaires en accolant une tour de bureaux et une tour d'habitations de part et d'autre de cette tour nourricière qui est devenue une juxtaposition de champs d'agricultures, de vergers, de potagers ouvriers, de prairies et de fermes. Imaginons donc la vie dans ce quartier vertical : je me lève le matin et je sors de chez moi, au dixième étage, je cueille une pomme dans le verger communautaire. Je vais déposer mes enfants à l'école quelques étages plus haut ; là, je croise mon maraîcher et mon fermier venus traire les vaches et ramasser les œufs au poulailler. J'arrive à mon boulot, au cinquantième étage, d'où je contemple Manhattan qui s'étale à mes pieds.

Le soir venu, j'irai me promener dans la rizière et sur les quais du marché flottant avant de préparer le repas. Je dînerai de petits pois et de carottes, j'en aurai prélevé les cosses et les fanes : je conserve toujours les déchets organiques. Tout comme ceux de la ferme, ils passent dans une centrale de biométhanisation située au pied de la tour : elle les composte sans oxygène et en accéléré, créant ainsi un biogaz, le méthane, qui permet de chauffer le bâtiment, de le fournir en électricité et d'alimenter en biocarburant la marina des bateaux-taxis qui relient les rives de New York. La tour mixte de bureaux et de logements devient alors autosuffisante en énergie grâce à la ferme et à ses déchets transformés *in situ* en ressources recyclables infinies. De plus, une ventilation double flux généralisée permet d'économiser 50 % de la facture énergétique du projet en redistribuant vers les logements, le soir venu, la chaleur produite dans les bureaux et les *data centers* en journée.

Aujourd'hui, il est déjà possible de faire pousser des fruits et des légumes dans une tour selon des processus naturels avec un très bon rendement. Il est même possible d'y produire des œufs, des laitages, de la viande et du poisson : il suffit de décréter que le premier tiers inférieur de cette même tour est entièrement voué à l'activité agricole. Il existe des substrats, des terres arables allégées à 50 % avec des billes d'argile, qui permettent de faire pousser les légumes sans surdimensionner les structures porteuses du bâtiment.

On diversifie les variétés cultivées pour éviter le lessivage des strates de ces substrats moelleux. Ainsi, les cultures se succèdent à tous les étages selon leur aptitude agronomique à fournir certains nutriments au sol entre les essences qui y sont semées et récoltées. Ces sols argilo-humiques équilibrent donc naturellement leurs justes taux en acide phosphorique, potasse et azote. Tout comme dans un écosystème naturel, on remet au goût du jour la culture des microchampignons bactériens dans la terre parce que ce sont eux qui la nourrissent le plus sainement tout en biodégradant les déchets. On s'appuie aussi sur des techniques d'hydroponie ou d'aéroponie : on ne plante pas les légumes que dans la terre mais aussi dans de l'eau enrichie en nutriments organiques (les déchets d'autres plantes ou les déjections des cultures de poisson).

Les ingénieurs avec qui j'ai travaillé en mode « laboratoire d'idées » (think tank) ont démontré qu'une production est possible toute l'année dans Dragonfly : les deux grandes ailes cristallines de la libellule à travers lesquelles passe la lumière constituent en effet une double peau qui crée un

En haut, vue intérieure de l'éco-loft avec sa façade en nid d'abeilles et son balcon potager hydroponique. En bas, vue panoramique de la marina dédiée aux bateaux-taxis alimentés en biocarburants par la ferme verticale recyclant ses déchets.

tampon thermique, protégeant l'intérieur des forts écarts de température de la ville de New York (variant de + 45° C en été à – 25° C degrés en hiver). En hiver, cette double peau accumule la chaleur et, en été, elle garde la fraîcheur par un système de ventilation naturelle, ce qui permet d'avoir dans les serres une température constante de 25° C, toute l'année.

Dragonfly prend place à New York, aux États-Unis, et ce n'est pas un hasard. D'abord, c'est par essence la ville qui a vu l'essor de la construction à la verticale. Ensuite, c'est là-bas que je me suis intéressé aux ailes de libellule pour la première fois. J'en ai trouvé une, posée sur un roseau, sur la Roosevelt Island, au pied du pont de Queensboro. En l'observant de près, j'ai remarqué comme ses ailes étaient transparentes et fines, deux voiles dont on devine à peine la structure ! Elles m'ont fourni la solution pour la construction de grandes verrières ultralégères, solides, et les plus transparentes possibles. Une étude scientifique de ces ailes a démontré qu'elles présentent des nervations très denses à leur surface et sur leur arête extérieure, tandis que leur structure vient se craqueler et s'affiner de plus en plus précisément le long de leurs bordures. Un exemple parfait de ce qu'on retrouve dans la nature qui utilise toujours le minimum de matière pour construire le plus durablement possible. Dès mon retour à Paris, je me suis penché sur ma table à dessin et mes ordinateurs…

New York a Central Park, son unique poumon végétal ; j'en ai imaginé un deuxième, à la verticale cette fois : un immense parc nourricier qui se déploie sur six cents mètres de haut à la pointe sud de la Roosevelt Island, le long de l'East River. C'est la hauteur nécessaire pour une tour capable d'alimenter en continu en fruits et en légumes bio cinquante mille habitants environ. J'ai choisi cet endroit emblématique parce qu'il est en recherche d'investisseurs actuellement, parce qu'il est posé sur l'eau, et parce qu'il fait un trait d'union entre l'hyper-Manhattan et les arrondissements Est de New York, le Queens et Brooklyn.

Avec mon équipe, nous avons d'abord imaginé une tour classique que nous avons ensuite sculptée en fonction des données bioclimatiques du lieu (la course du soleil, la direction des vents dominants, la fluviométrie, etc.). La chrysalide est devenue papillon, avec en son centre les grandes serres ailées accueillant les cultures. Puisqu'elle se situait sur la pointe sud de l'île, il nous a paru pertinent de transformer la proue en véritable bouclier photovoltaïque et thermique. Pour optimiser le rayonnement solaire, on a incliné celui-ci à 60°. Ensuite, dans l'axe des vents dominants, d'ouest en est, de la ville de New York, nous avons fait en sorte que cette architecture bionique permette d'accélérer les effets du vent pour y intégrer trois éoliennes axiales à sustentation magnétique. Hautes de cent mètres chacune, et combinées au bouclier solaire et à des capteurs fluviométriques à la base de la tour, elles créent 100% de l'énergie électrique et calorifique nécessaire. Les habitants vivent et travaillent dans les deux boucles subdivisées de part et d'autre de la serre en quartiers divisés par lots de quinze étages d'appartements.

On trouve trois typologies d'espaces de culture différents dans Dragonfly. D'abord, entre les deux voiles cristallins, des jardins tropicaux et des champs agricoles cultivés par des agriculteurs, fermiers et maraîchers professionnels rapatriés de la campagne. Avec le système hydroponique, on pourra optimiser l'espace en hauteur par de grandes étagères pyramidales à légumes qui bénéficieront d'un maximum de lumière. Ensuite, dans les boucles de bureaux et de logements, on trouve aussi des jardins partagés, cultivés par les habitants sous forme de vergers, et des potagers communautaires qui permettent de réinventer la vie sociale en multipliant les espaces propices aux rencontres et à la convivialité. Enfin, chaque appartement possède son ou ses balcons hydroponiques privés en porte-à-faux au-dessus du verger communautaire. Un système d'ascenseurs et de cages d'escaliers obliques fonctionnant en boucle fermée permet l'acheminement des déchets triés des travailleurs et des habitants, tandis que des monte-charges sont spécialement dédiés à la fonction agricole. Ainsi les flux – et les odeurs – ne se croisent pas. Pour aérer son logement, on ouvre une alvéole en nid d'abeille qui donne sur les vergers. Ces derniers, ainsi que les balcons, créent aussi des espaces tampons qui permettent de limiter le recours au chauffage et à la climatisation mécanique.

Cette tour n'est pas organisée autour d'un noyau d'ascenseurs et d'escaliers classique, mais bien autour d'un véritable boulevard à la verticale, central, qui dessert d'autres rues et des traboules qui permettent de se déplacer d'un endroit à l'autre. Tous les espaces de circulation sont éclairés naturellement et offrent une vue panoramique sur l'extérieur, contrairement à nos cages d'escaliers sombres dans lesquelles on n'a pas envie de s'attarder !

Dragonfly prône le retour à la ville pédestre, à des espaces flexibles et multifonctionnels où on peut à la fois vivre, travailler, s'amuser, produire sa nourriture, tout en tissant des liens avec son voisinage. La ville ne doit pas être seulement un espace d'activité tertiaire où les gens n'utilisent que leur tête, mais aussi un espace où des humains travaillent avec leurs mains et leur cœur. Ainsi, nous pourrions tous passer d'une économie linéaire dans laquelle on produit, on consomme et on jette (à la façon de nos parents) à une économie circulaire où ce qui est produit et consommé est recyclable et recyclé à l'infini, dans une mixité sociale choisie qui sonnerait enfin le glas des ghettos de riches et des banlieues dortoirs.

Vous devez vous demander, face à cette nouvelle agriculture urbaine émergeante, quel est l'avenir de l'agriculture rurale de nos pays occidentaux ? Crise du pétrole et changement climatique obligent, l'agriculture traditionnelle doit quant à elle répondre à la crise alimentaire mondiale des pays en voie de développement, et principalement de l'Afrique. Son rôle est donc désormais de produire (avec un accroissement estimé à 60 % d'ici 2050) toutes les denrées transportables (en boucle longue) par bateau, comme les céréales et le maïs, et cela en s'appuyant sur l'évolution de la science et des biotechnologies de pointe. En complémentarité de son rôle nutritif, l'agriculture rurale se voit attribuer le nouveau défi de recycler ses propres rebuts de culture pour la chimie verte afin de produire les biocarburants appelés « de seconde génération » tirant leur énergie des matières non consommables des plantes, c'est-à-dire des fibres, comme les celluloses notamment. Enfin, pour produire plus et mieux, les techniques ancestrales d'agroforesterie doivent être réintégrées aux paysages ruraux, venant mêler les forêts aux champs agricoles afin de recréer de véritables biotopes misant sur la synergie entre les diverses espèces de plantes et d'arbres.

Vue intérieure de la serre bioclimatique entre les deux voiles cristallins des ailes de libellule. C'est une vé-itable ferme urbaine avec ses champs d'agroforesterie, ses vergers suspendus, ses pâturages, sa production de laitages et d œufs.

Bien nommées Cairns, ces tours maraîchères de bureaux et de logements empilent des serres horticoles sous forme de galets solarisés et autosuffisants en énergie.

Un petit Dragonfly à l'étude…

J'ai imaginé Dragonfly aux États-Unis, mais il est un pays où elle trouverait encore plus vite sa place : la Chine. Un Chinois sur cinq seulement vivait en ville il y a encore cinq ans. Ils sont un sur deux en 2015, et l'exode rural ne fait que commencer. Selon Li Jianmin, un expert en démographie à l'université de Tianjin, 75 % de ses compatriotes seront citadins d'ici 2030 ! Et d'ici 2020 à peine, la population urbaine chinoise sera répartie principalement sur 221 villes d'au moins 1 million d'habitants (contre seulement 40 de même échelle en Europe) et 23 mégapoles de plus de 5 millions d'habitants. Point de vue qualité de l'air, juste histoire de relativiser, il est intéressant de noter que le plus haut pic de pollution à Paris correspond au pic le plus bas à Pékin ! Dans ce contexte, Asian Cairns est un projet de tours maraîchères directement inspiré du concept Dragonfly et adapté à la Chine puisqu'il résout à la fois les questions de l'habitat, de l'alimentation et de la consommation d'énergie. Il propose à la ville de Shenzhen – 10 millions d'habitants, et sur le point de fusionner avec sa voisine Hong Kong, pour former à elles deux une mégapole de plus de 20 millions de citadins – un prototype de cité intelligente verte, dense, connectée par les TIC et écoconçue à partir des biotechnologies.

Concrètement, trois spirales entrecroisées viennent s'enrouler autour de deux tours mégalithiques, formant des écosystèmes urbains qui réimplantent la biodiversité endémique dans la cité sous forme de vastes vergers publics et de champs d'agriculture urbains. Les six tours maraîchères, inspirées des cairns, ces empilements artificiels de galets qui balisent les chemins des randonneurs en montagne, superposent les logements, les bureaux, les commerces, les espaces de loisirs. Asian Cairns, actuellement en cours d'études, synthétise ainsi notre philosophie architecturale qui transforme les villes en écosystèmes, les quartiers en forêts et les édifices en arbres habités. De haut en bas de ces cairns, d'étage en étage, on peut véritablement recréer la répartition des sept strates horizontales qu'on constate au cœur d'une forêt tropicale en vue d'augmenter l'efficacité productive : la canopée, la couche des arbres intermédiaires (fruitiers nains), les arbustes, les herbes annuelles, les plantes de couverture, la rhizosphère, la strate verticale (lianes, vignes) et la mycosphère.

Une tour agricole et civique

Après avoir travaillé à son essor économique avec le succès que l'on sait, mais aussi en causant des dégâts considérables à l'environnement, la Chine est en train de prendre conscience des enjeux écologiques qui se posent à elle comme au reste de la planète. Tout près, Taïwan, la Silicon Valley asiatique, n'a pas attendu pour mettre en place une charte de construction écologique. Notre projet Bionic Arch, présenté lors d'un concours international, va au-delà de chacune de ses exigences en matière de recyclage des déchets, de consommation d'eau et d'énergie, tout en s'adaptant au climat, aux typhons et aux risques sismiques. Elle réintègre également l'agriculture dans la ville et par ses façades végétales, elle filtre l'eau de pluie et les effluents des eaux usées par ses habitants.

Haute de 380 mètres, Bionic Arch accueille une base de télécommunications, des laboratoires scientifiques de recherche environnementale, la mairie de la ville de Taichung où elle est implantée, ainsi qu'un musée métropolitain. Ces quatre fonctions sont organisées au sein de quatre arches qui forment une puissante voûte d'ogives intégrant de somptueuses éoliennes axiales. Celles-ci tournent autour d'un cylindre central high-tech, accueillant le public dans des ascenseurs vitrés du sol au plafond et menant au belvédère panoramique situé au sommet de la tour. Vivre à la verticale, de manière dense et connectée pour consommer un minimum d'énergie, est la meilleure solution qui puisse permettre à la terre d'absorber l'accroissement de population des années à venir. À moins que l'homme ne parte à la conquête d'autres territoires, car il en reste : je pense à l'eau qui couvre 71 % de la surface de notre planète !

Autre déclinaison de la ferme citadine proposée avec Dragonfly, Bionic Arch est une tour agricole, éolienne et solaire qui accueille les services publics de la ville.

Vue intérieure de la grande bibliothèque-jardin.

Vue en contre-plongée des trois éoliennes axiales en rotation autour des ascenseurs panoramiques en verre.

Avant tout imaginée et conçue pour apporter une solution de relogement aux victimes du dérèglement climatique, Lilypad milite aussi pour l'extension écologique des littoraux sur la mer, comme ici dans la baie de la principauté de Monaco.

Une ville flottante et nomade

Les îles Marshall dans l'océan Pacifique et les Maldives dans l'océan Indien ont la particularité d'être des États entièrement composés d'atolls. Au moment où l'élévation du niveau des océans est avérée, ces pays ultramarins cristallisent les inquiétudes en raison de l'étroitesse de leurs îles coralliennes (de 200 à 1 000 m de large) et de leur faible altitude (2 à 3 m). Actuellement, à Kiribati par exemple, vivent cent onze mille personnes, mais d'ici la fin du siècle, leurs champs, leurs routes, leurs écoles, leurs maisons auront été salinisés et engloutis par le Pacifique. Pour le président Anote Tong, deux solutions : la première, transférer la population sur de nouveaux territoires comme les îles Fidji, l'Australie ou la Nouvelle-Zélande ; la seconde, s'installer sur des plateformes pétrolières ou construire des îles artificielles. De plus, selon de nombreuses études scientifiques, notamment celles du GIEC, la hausse du niveau des océans – de 50 cm à 1 m, d'ici 2100 – entraînera l'engloutissement de certains territoires : 7 % des Pays-Bas, environ 18 % du Bangladesh et jusqu'à 80 % des Maldives. Selon l'Organisation des nations unies, le nombre de réfugiés climatiques pourrait atteindre 250 millions d'ici 2050. C'est donc d'abord pour eux que j'ai imaginé Lilypad.

Il s'agit d'une ville flottante qui suit les courants marins naturels du Gulf Stream et du Labrador, comme les baleines, et sans moteur. Un autre projet manifeste de l'archibiotic. Avant même mon premier croquis, j'ai cherché dans la nature les structures flottantes les plus résistantes. Je suis tombé sur une feuille de nénuphar géante : la Victoria regia, découverte en Amazonie en 1850. Elle mesure environ deux mètres de diamètre, elle est lisse en surface alors que dessous, tout un réseau de nervures radiales (du centre vers les extrémités) et concentriques secondaires (qui font des cercles parallèles) permet, une fois la feuille posée à plat sur l'eau, de porter plusieurs dizaines de kilos. Ainsi, un enfant peut s'asseoir en son centre sans que l'eau envahisse la feuille, alors même qu'elle est très fine ! En fait, les bords de celle-ci et ses nervures radiales, repliés vers le haut à 90°, créant un endiguement naturel, empêchent le liquide de s'insinuer.

J'ai demandé à des ingénieurs navals s'il était possible de reproduire cette structure sur une coque de bateau en aluminium. Ils ont répondu : oui. Nous avons donc commencé à dessiner les plans détaillés d'un cercle reprenant les nervations de la plante que l'on a extrudée (c'est-à-dire qu'on lui a donné une épaisseur) pour créer un espace de flottaison. Ainsi est née Lilypad, la ville nénuphar. Une ville qui produit son alimentation, ses frigories, sa chaleur, ses cultures de poissons, ses céréales, ses fruits et légumes, qui récolte les eaux pluviales en milieu marin, qui comprend sous sa ligne de flottaison un étang de viviculture, un hôtel subaquatique et des laboratoires de recherche analysant la faune et la flore marines ainsi que les mouvements migratoires des baleines et autres cétacés.

En adéquation avec les principes du Land Arch[4], Lilypad consiste en trois montagnes multifonctionnelles recouvertes d'une nappe de logements, elle-même couverte de champs solaires photovoltaïques et thermiques et de végétation, afin que chaque logement bénéficie d'une continuité en balcon potager. Les façades en verre sont soutenues par une structure blanche arborescente imitant les bords de la Victoria regia. Celle-ci contrevente la façade, limitant ainsi les effets de la prise au vent ou des vagues, et offre une résistance en cas de fort épisode océanique. Ces trois montagnes se regardent et se tournent toutes vers le cœur de la ville. L'une d'elle est dédiée aux commerces, une autre aux loisirs, une dernière au travail. La circularité de l'île est ponctuée par trois marinas grâce auxquelles les habitants des littoraux et ceux de Lilypad peuvent avoir des échanges. Sous la coque, des hydroliennes permettent de naviguer et de créer encore plus d'énergie par le mouvement des pales. Lilypad est autonome et propre : elle ne crée aucun déchet susceptible d'être rejeté dans l'océan, elle recycle tout *in situ*.

Avec mes collaborateurs, j'ai cherché à inventer une cité idéale dans l'esprit de Jules Verne, une ville vouée au nomadisme en mer qui permettrait au moins de déplacer les populations des atolls vers un autre continent en quelques mois. Nous l'avons dessinée à grande échelle pour l'exemple : une telle cité flottante pour 25 000 habitants mesure 500 m de diamètre, compte 30 étages sous l'eau et autant dessus. Nous avons travaillé avec l'université de Singapour spécialisée en larges structures flottantes, qui a étudié la faisabilité du projet et sa capacité de résistance à tous les épisodes climatiques. Cette ville flottante, je l'ai voulue hyperdense afin de rentrer dans une logique économique viable, car plus une ville est dense, moins elle consomme d'énergie.

4. Le Land Arch désigne l'architecture qui s'intègre à l'environnement naturel dans lequel elle s'implante, épousant ses courbes et ses dénivelés dans le but d'être la moins visible possible.

Vue sous-marine de la ville-nénuphar, avec ses appartements subaquatiques permettant de découvrir les profondeurs des océans, et ses façades végétalisées percées d'éoliennes tripales.

Vue nocturne des Lilypads dans la baie de Monaco et de Monte-Carlo. Les plateformes flottantes peuvent être déplacées en offshore ou arrimées à des pieux le long du littoral en cas de tempête.

Là-bas, à Marina Bay, il y a déjà des terrains de football sur l'eau, des structures qui peuvent se déformer sans rompre, des coques flexibles.

À la base, Lilypad est un projet spontané, le rêve d'un architecte fraîchement diplômé qui tente d'imaginer des solutions à la crise environnementale en proposant de nouveaux modèles encore inexistants, comme celui de transformer les Terriens en Mériens. De mes quatre « projets manifestes », il est mon préféré. Il est aussi celui qui a recueilli le plus d'échos sur la scène géopolitique mondiale et qui, je l'admets, m'a complètement dépassé : mû par une ambition qu'aucune contrainte financière ne pouvait tempérer – à l'état de projet, tout est permis –, j'ai poussé le concept jusqu'à imaginer un mode de vie complètement différent de ceux que nous connaissons aujourd'hui. La critique m'a assailli avec des questions éthiques, sociales et juridiques pertinentes : qui vivra sur Lilypad ? Des populations qui vont se mélanger, se renouveler, ou bien vivre en vase clos ? Est-ce que ça ne va pas devenir un yacht de luxe ? Quel sera le statut politique et la nationalité de ses habitants ? Et techniquement : la ville traversant des climats différents, peut-elle s'adapter ou doit-on dessiner les trajectoires qu'elle doit suivre sur des latitudes identiques pour demeurer sous des climats tempérés ou tropicaux ?

Ces questions, je ne les ai pas toutes résolues dès le début, mais elles m'ont permis de continuer à faire évoluer Lilypad en travaillant de façon transdisciplinaire avec des ingénieurs, des chercheurs et des investisseurs du monde entier. Lorsque Monaco a lancé un appel à candidatures pour l'extension de son territoire en mer, j'ai donc présenté Lilypad en contreprojet durable respectant totalement les fonds marins méditerranéens. Il s'agissait d'un ensemble de villes flottantes nomades, qui, en cas de grosse tempête, venaient s'amarrer à des pieux dans la baie, des mini-Lilypad pour dix mille habitants. Alors que les Pays-Bas et les Émirats arabes unis « engraissent » leurs plages à coup de milliards d'euros pour construire leurs polders éphémères (amoncellements de sables comme The Palm à Abu Dhabi) et leurs digues protectrices pour une décennie, j'ai la conviction profonde que le projet Lilypad se présente comme une solution pionnière et soutenable à la montée des eaux ! Au XXIe siècle, on ne construit désormais plus contre la nature mais en harmonie avec elle.

Lilypad est organisée autour de trois montagnes recouvertes d'une strate d'appartements, de potagers et de champs solaires photovoltaïques et thermiques. Au centre, le lagon central récupère les eaux de pluie et fait office de ballast pour assurer la stabilité de la ville.

SOLAR DROP

ABU DHABI, ÉMIRATS ARABES UNIS

Un centre aquatique panoramique

Le métier d'architecte ne consiste pas seulement à construire mais aussi à jeter des pavés dans la mare, agiter des idées, créer un débat et proposer des scénarios de vie inédits aux citoyens. L'histoire de ce projet m'a de plus permis d'affronter les contradictions inhérentes à mon métier : on conçoit des bâtiments innovants pour les réfugiés climatiques mais seuls les pays riches et les grands investisseurs internationaux sont susceptibles de financer leur construction ; or ils ne sont pas philanthropes... Les innovations coûtent cher à cause de la matière grise nécessaire à leur conception et de la prise de risques nécessaire lors de leur mise en œuvre. Pour créer ce qui n'existe pas encore, et démocratiser ensuite le prototype initial, on a donc deux solutions dont la complémentarité peut mener au succès : soit travailler avec des « mécènes », soit codévelopper ce type de projet en crowdfunding (financement participatif), c'est-à-dire avec vous qui lisez cet ouvrage.

Je ne vends pas mon âme au diable en collaborant avec des investisseurs dont les intentions me mettent mal à l'aise : des oligarques russes m'ont sollicité par exemple pour construire une ville flottante... mais pour en faire une surface offshore défiscalisée. Je n'ai pas voulu m'éloigner à ce point de mon rêve. En revanche, j'ai répondu à l'appel d'un cheikh d'Abu Dhabi, enthousiasmé par Lilypad. Les bâtiments qu'il m'a demandé de créer ne sont pas nomades, mais ils s'étendent bien sur l'eau sans altérer l'environnement et ils intègrent toutes les technologies renouvelables à zéro émission de carbone. C'est le projet Solar Drop que nous avons développé en 2012.

Ce haut responsable politique du ministère des Affaires étrangères d'Abu Dhabi dispose dans son pays d'une digue de béton désaffectée – on l'appelle un *pier* – qu'il souhaite rénover pour vivre auprès de la faune et de la flore de la mer d'Oman. Nous avons imaginé d'y implanter un bâtiment central comprenant une piscine olympique, un spa, un hammam et un *majlis*, c'est-à-dire un lieu où l'on tient conseil et reçoit. Au centre de cette goutte solaire se trouve l'agora ombragée par la coupole spiralée. Surélevée sur un promontoire, trois mètres au-dessus du niveau de l'eau, elle offre, avec un minimum de points porteurs, la meilleure visibilité sur les eaux turquoise. Autour de ce vaste bâtiment, sept pavillons individuels prennent place sur l'eau (pour les invités et la famille du propriétaire). Nous avons proposé de créer un jardin subaquatique autour du *pier* existant et d'y réintégrer un récif corallien : dans le périmètre du cercle inscrit dans la baie, on replace des cageots métalliques sur lesquels on fixe des greffons de coraux. Ce bassin est dévolu à la plongée et à la découverte des espèces sous-marines. Les habitations comme l'agora centrale sont autonomes et capables de recycler leurs déchets.

Dans la lignée d'un Lilypad, bien que construit sur une avancée de béton déjà existante, Solar Drop propose de recréer un jardin sous-marin corallien détruit par le passé.

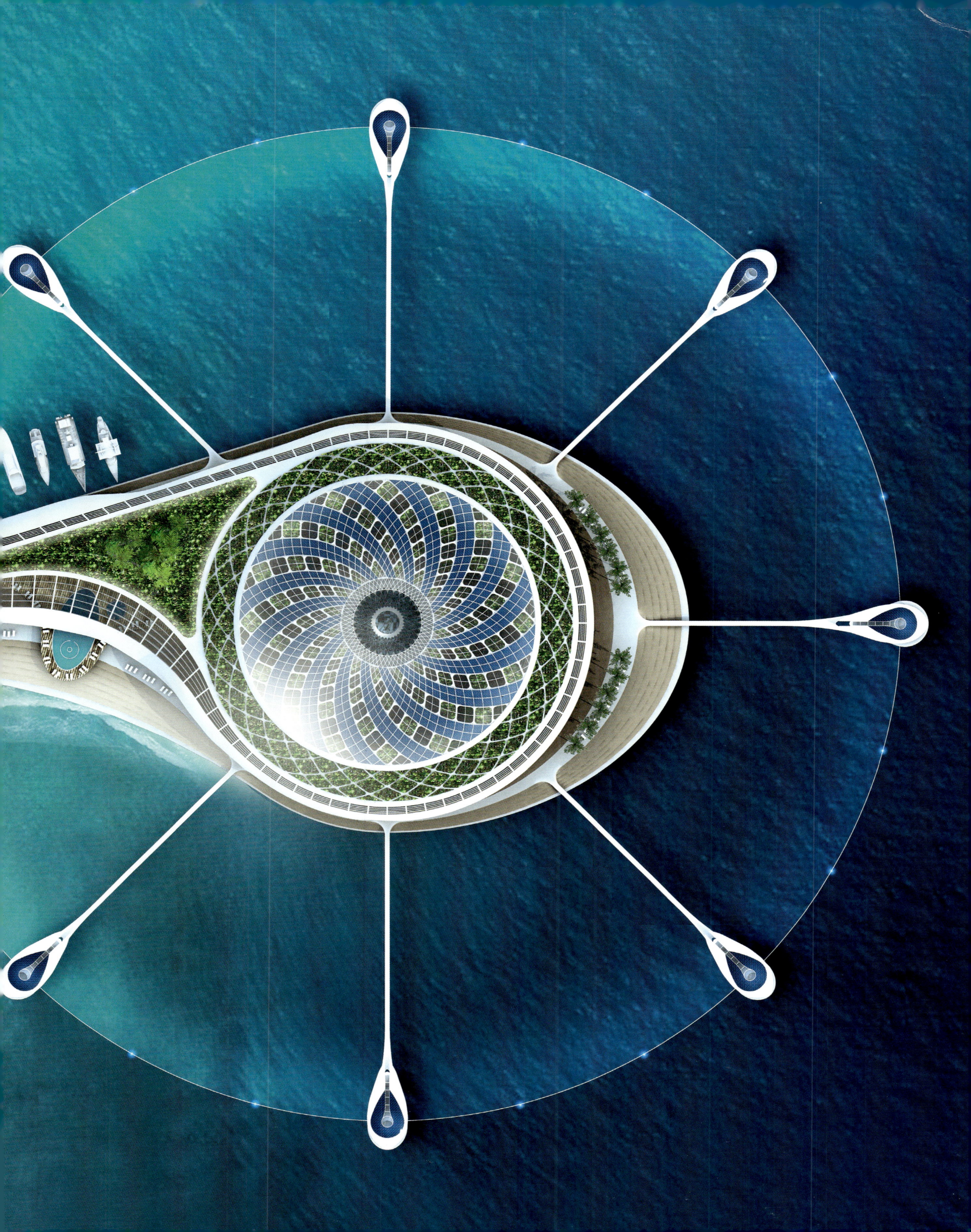

Vue de la coupole du Solar Drop depuis les maisons posées sur l'eau. Les piscines, le hammam, le spa et le *majlis* bénéficient de vues plongeantes vers le jardin subaquatique corallien.

L'agora est un espace de rencontres bioclimatisé sous la voûte solaire. Tout autour du plan d'eau central, on peut accéder aux différentes fonctions du centre aquatique en traversant la résille de murs végétaux.

Physalia recycle les déchets des eaux sur lesquelles il se déplace, il nettoie les fleuves et les rivières en même temps qu'il crée son énergie. C'est un forum flottant destiné à accueillir le public et à le sensibiliser sur la qualité et l'avenir de l'eau.

Un jardin flottant et dépolluant

La sauvegarde des espèces marines et l'eau, notamment l'accès à une eau potable dans chaque recoin de la planète, constituent un des enjeux majeurs de notre avenir, autant que l'air que nous respirons. C'est pour cette raison que j'ai aussi imaginé le navire Physalia que j'évoquais brièvement dans la première partie de ce livre. Son nom fait écho à sa forme, il vient du grec *phusalis* qui signifie « bulle d'eau ». C'est un bateau complètement autosuffisant en énergie, un jardin flottant à la fois aquatique et terrestre, qui est capable de nettoyer les eaux des fleuves dans lesquelles il navigue et de les rendre potables. Il absorbe et recycle les résidus chimiques rejetés par les autres embarcations. Dans sa coque se trouve un réseau hydraulique qui filtre l'eau et la purifie grâce aux plantes qui le recouvrent.

Physalia a plusieurs fonctions et comprend quatre niveaux, chacun d'eux porte le nom d'un élément. Ainsi le jardin Air est un amphithéâtre dédié aux conférences. Il est couvert de cellules photovoltaïques souples imprimées sur une toiture pneumatique et il s'ouvre sur le paysage et la ville. Le jardin Eau est équipé d'une plateforme en verre en sustentation au-dessus de la surface de l'eau, il peut recevoir le public autour d'expositions temporaires, de réceptions, ou pour se restaurer par exemple. Le jardin Terre constitue le cœur du projet avec un laboratoire qui se consacre à l'analyse de l'écosystème aquatique traversé. Enfin le jardin Feu, véritable salon sous-marin qui offre une vue panoramique sur l'environnement aquatique, accueille l'exposition permanente sur le vaste sujet qu'est l'eau. C'est un véritable musée pédagogique nomade capable de traverser tous les fleuves européens, son profil ayant été calibré en fonction des arches du Pont-Neuf à Paris. Physalia a donc pour mission de sensibiliser les Européens aux enjeux géopolitiques et écologiques que présente l'eau pour notre avenir.

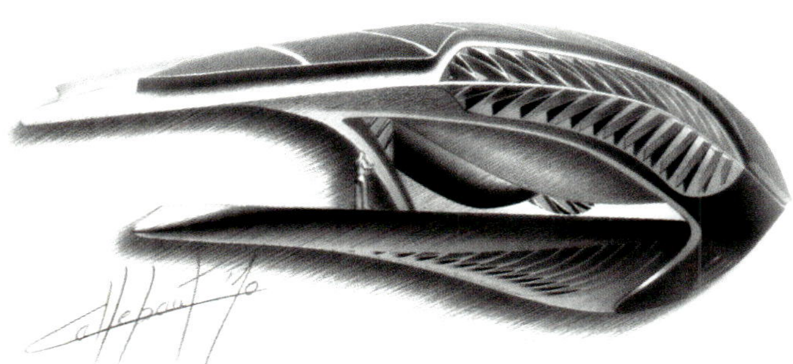

Physalia
H2O

En plein Paris, Physalia traverse le pont Alexandre-III dans l'axe des Invalides. La géométrie de sa coque a été calculée en fonction de l'arcature de la voûte centrale du Pont-Neuf.

Vue subaquatique de ce jardin flottant produisant sa propre énergie. Son hydroturbine est en effet alimentée par sa toiture pneumatique imprimée de cellules solaires souples.

Un projet manifeste qui a le plus de chances d'être érigé un jour : Coral Reef, qui compte mille maisons passives construites comme un mécano géant inspiré d'un récif corallien. Avec ses fondations anti-sismiques, il est prêt à parer aux catastrophes naturelles.

Des maisons solides et solidaires

De même que j'avais d'abord dessiné Lilypad en pensant aux réfugiés climatiques, j'ai imaginé Coral Reef à la suite du terrible séisme qui a ravagé l'île d'Haïti en janvier 2010. Ce n'est pas un projet élitiste. Bien au contraire, il est possible de le construire dès maintenant, sans attendre, sur une darse aujourd'hui inutilisée dans le port industriel de Port-au-Prince. Il comprend des habitations passives très bien isolées (notamment par des façades triple vitrage) et ventilées en été, qui ne demandent pas de raccordement au réseau, et qui apportent une solution rapide et pérenne de relogement des populations sinistrées en cas d'épisode sismique.

Un projet difficile à dessiner à la main sera difficile à dessiner par ordinateur, puis difficile à construire. J'adore Coral Reef parce qu'il est simple tout en étant novateur et attirant. À l'inverse de mes trois autres projets manifestes (voir aussi Hydrogénase, page 181), Coral Reef est généré à partir d'un élément très simple, préfabriqué, et préassemblé en usine, avec cuisine et salle de bain déjà comprises dans le volume : une boîte partagée en deux horizontalement, contenant deux appartements en duplex, que l'on peut encore subdiviser ou associer, créant ainsi une plus grande mixité sociale.

Coral Reef démontre qu'à partir d'un élément standardisé, on peut générer une architecture qui apporte une véritable plus-value aux habitants, bien loin des barres d'immeubles rectilignes qui forment nos banlieues dortoirs. Cinq cents modules identiques sont ainsi positionnés en quinconce selon un schéma rigide sans donner pour autant l'impression de deux barres HLM parallèles : empilés les uns sur les autres comme un jeu de Lego, ils créent un effet de cascade. C'est simple : il y a quatre colonnes dans chaque vague, chacune comprend neuf niveaux, les cinquièmes sont tous alignés. Les autres se décalent sinueusement vers le bas et le haut, générant l'effet vague.

Chaque logement bénéficie d'une vue sur la mer côté séjour et d'une vue sur le canyon central côté chambres. Le décalage des boîtes permet que personne n'ait exactement la même vue que son voisin. Du même coup, chaque famille bénéficie d'un jardin tropical (manguiers, dattiers, bananiers, arbres à litchis, etc.) de 120 m² posé sur la toiture du module du dessous. Les circulations communes sont rationnalisées comme dans la coupe type de la Cité radieuse inventée par Le Corbusier. On est toujours à vingt mètres de sa cage d'escalier. Pour y accéder, on passe par un

Au cœur des Caraïbes, les toitures de chaque module font office de jardins nourriciers pour les appartements situés au-dessus. Les amoureux peuvent contempler la mer en cultivant leur terre.

jardin au lieu d'emprunter un couloir aveugle comme dans un immeuble classique.

Dans le double plancher, au-dessus du coffrage en béton, il y a un vide technique recouvert d'un parquet flottant en bois ou en acier, en nid d'abeilles, facile à ouvrir. Dans cet espace interstitiel, on peut mettre tout le réseau de fibre, toute la tuyauterie, tous les câblages électriques, et ensuite y rattacher sa salle de bain ou sa cuisine à roulettes où on veut dans l'appartement. Cela coûte un peu plus cher en amont afin d'innerver le double plancher et cela prend un peu plus de place en hauteur, mais cela procure une hyperflexibilité spatiale tout en assurant des économies en aval en cas d'évolutions des mœurs : la fonction n'étant pas figée, le bâtiment reste évolutif, il a plus de chances d'être pérenne dans son utilisation (habitat, bureau). Au rez-de-chaussée prend place une vaste plateforme logistique avec ateliers, bureaux, commerces, vergers et potagers communautaires, parc éolien…

Pour rafraîchir le bâtiment, les ingénieurs nous ont suggéré d'utiliser l'énergie thermique des mers (ETM) qui exploite la différence de température entre les eaux superficielles (pouvant dépasser 25° C) et les eaux profondes de l'océan (variant entre 2 et 4° C). Elle permet de mettre en place un système de climatisation par l'utilisation directe de l'eau froide pompée dans des faux plafonds radiants qui rafraîchissent les pièces. Pour l'apport d'électricité, on misera surtout sur la marée-motricité. Cette fois, on part du principe que tout mouvement, quel qu'il soit – du vent, des vagues, de nos pas –, crée une énergie qu'on peut récupérer (c'est ainsi par exemple que certaines montres se « rechargent » avec le seul mouvement de notre poignet). En l'occurrence, à Port-au-Prince, les vagues successives nées de l'effet du vent à la surface de la mer font bouger une chaîne flottante articulée (aussi appelée serpent de mer) composée d'une suite de longs flotteurs intégrés sous les quais surélevés. Ceux-ci transforment le mouvement des vagues perpendiculaires (la houle) en électricité. En utilisant la température et le mouvement de l'eau, Coral Reef est donc un quartier qui peut fonctionner en toute autonomie aussi bien énergétique qu'alimentaire.

Avec le dérèglement climatique, les catastrophes se multiplient. Le 25 avril 2015 au Népal, un séisme a fait plusieurs milliers de victimes. De nombreux survivants ont vu leur habitation détruite et ne récupéreront jamais le peu qu'ils possédaient. Quatre ans plus tôt, la terre avait aussi tremblé au Japon, créant le tsunami qui a dévasté la côte et Fukushima. Les bâtiments épargnés par la vague, solidement bâtis, ne se sont pas effondrés. Pour Coral Reef, nous avons simplement utilisé les techniques mises en œuvre au Japon depuis une trentaine d'années, assez coûteuses malheureusement, c'est pourquoi les tremblements de terre sont tellement meurtriers dans les pays pauvres, obligés de construire au plus près du sol, et non à la verticale. Les pieux qui supportent Coral Reef intègrent les fondations antisismiques, le bâtiment est désolidarisé, il plie mais ne rompt pas et peut donc encaisser sans se briser un séisme de magnitude 10.0 sur l'échelle de Richter.

Ici, un tiers du budget serait alloué aux seules fondations antisismiques pérennisant l'ensemble à long terme. Bien entendu, cela fait monter la facture dans un pays où le coût du travail – et donc de la construction – est bas. La question du financement se pose à nouveau. Chaque fois qu'une nouvelle catastrophe se produit, les médias et les réseaux sociaux relaient les appels aux dons que lancent les États et les associations humanitaires. Et chaque fois, les âmes tentées de faire preuve de générosité s'interrogent : si j'envoie cinquante euros, seront-ils vraiment investis à bon escient ? Cette organisation optimise-t-elle vraiment ses frais de structure et de fonctionnement ? Quelle part de la somme que je donne profitera réellement aux sinistrés ? Je pense que Coral Reef aura une chance d'exister si on parvient à organiser un autre système de financement participatif. À petite échelle, des chanteurs parviennent bien à sortir des albums via le crowdfunding, et l'arrondi automatique en caisse est de plus en plus pratiqué en France[5] : pourquoi ne pas imaginer un montage financier dans lequel chacun pourrait faire don d'un robinet, d'un mètre carré, d'une éolienne, motivé par la certitude que le bâtiment qu'il aura participé à faire construire sauvera des vies ?

À l'agence, nous sommes régulièrement démarchés par de jeunes investisseurs issus de grandes écoles de commerces aux États-Unis qui cherchent de nouvelles façons d'investir, de créer la ville. Ils choisissent de lancer des projets qui correspondent à leur éthique, quitte à gagner moins d'argent. Leur motivation n'est pas seulement professionnelle, mais aussi pionnière et altruiste. J'ai aussi rencontré des investisseurs américains et chinois qui voudraient faire de ce type d'investissements la norme en matière de projets financés par microdons participatifs

5. Une enseigne choisit une association à laquelle elle reverse automatiquement les centimes que ses clients choisissent de donner au moment de leur passage en caisse. Ainsi, une personne qui doit 9.92 euros peut décider de faire don des huit centimes qui arrondissent son ticket à dix euros.

dans tous les pays qui en ont besoin. Le levier nécessaire reste le parrainage politique de la Communauté européenne ou de l'ONU disant : « On croit dans ce type de projets, on le soutient et on fait en sorte qu'il devienne réalité ». Bien sûr, cela touche les hautes sphères de la politique et de la diplomatie, et cela prend donc un certain temps...

En mai 2010, une directive européenne sur la performance énergétique des bâtiments a prévu de généraliser les BEPOS en 2020 et même dès 2018 pour les bâtiments publics. Une initiative reprise en France par le Grenelle de l'environnement. À compter de 2020, les demandes de permis de construire déposées sur le territoire français devraient donc répondre à une nouvelle réglementation thermique, la RT 2020. Concrètement, les immeubles et les maisons neuves devront produire plus d'énergie qu'ils n'en consomment. Pour cela, dès leur conception, ils devront fonctionner avec très peu d'énergie, et uniquement renouvelable.

On nous rebat les oreilles avec le capitalisme dans lequel baigne le monde, mais la plupart des gens aspirent à autre chose. Même le monde politique essaie de mettre en place peu à peu des initiatives : défiscaliser par l'art, c'est formidable, mais pourquoi ne pas défiscaliser par l'écologie également ? On y vient, partout, avec excitation ! Le projet Coral Reef fédère une communauté de citoyens écoresponsables qui disent vouloir vivre dans le respect de l'environnement sans retourner à la préhistoire, le « low-tech » et la décroissance, laquelle implique une notion de sacrifice et nous ramène vers l'écologie punitive, financée par des taxes, et qui bénéficie donc aux riches... L'homo sapiens deviendra-t-il l'homo digitalis – toujours connecté, avec un smartphone greffé au bout des doigts, fusionnant son intelligence avec celle des machines – ou bien le citoyen homo bionicus, remonté dans l'arbre, à la façon de nos très lointains ancêtres ? On essaie de démontrer que notre avenir n'est ni l'homo digitalis ni l'homo bionicus, mais un mélange des deux : on peut vivre dans le respect de l'environnement et dans la nature de façon hyperconnectée en fusionnant l'ingénierie développée par l'homme et celle développée par la nature.

Étudiant, j'étais fan du mouvement avant-gardiste Archigram. Apparu dans les années 1960 en Angleterre, il prônait une architecture ludique, préfabriquée, évolutive, au service d'une société en pleine expansion démographique... Son projet phare était Walking City, une ville qui marche ! J'étais assez mal vu par mes professeurs les plus pragmatiques qui m'encourageaient plutôt à « rénover la longère à papa » ! Coral Reef et mes autres projets manifestes doivent beaucoup à ce mouvement néofuturiste au service de l'homme. Je m'intéressais aussi à Renzo Piano et Richard Rogers, les fils de ce mouvement : avec le centre Pompidou, ils ont créé un espace d'exposition révolutionnaire où rien n'est uniformisé, et ils ont réinventé la fonction muséale. Aujourd'hui, j'essaie de trouver un juste milieu entre l'identité futuriste, apparemment folle, qui me plaît dans certains projets de laboratoire, et la raison, nécessaire à mon métier. Ce juste équilibre, je le nomme l'utopie pragmatique, c'est-à-dire le degré d'innovation exact qui répond aux lois du marché. Ainsi, une ville qui marche, non, mais une ville nomade qui flotte comme Lilypad, pourquoi pas ? Et une ville qui tient debout quand bien même la terre tremble, encore mieux ! L'architecte est avant tout là pour proposer des solutions aux problèmes que les hommes rencontrent...

Dessiner des habitations individuelles et rénover des longères ne m'intéresse pas vraiment car cela prône selon moi un urbanisme individualiste obsolète. D'autres le font très bien avec beaucoup de talent, le monde de l'architecture n'a pas besoin de moi pour cela. Cependant je dois reconnaître que mes professeurs avaient raison sur un point : il faut être pragmatique et travailler pour gagner sa vie, tout simplement. Après quelques années passées en agence, déprimé de devoir à longueur de journées tracer les contours rectangulaires de piscines privées, je me suis fait plaisir en dessinant une ferme verticale géante, une ville flottante, une vague de maisons passives belle et solide, et même l'aéronef écologique de demain (Hydrogénase, page 181). Je n'ai pas gagné un euro pendant toutes les nuits que j'ai passées sur ma planche et mon ordinateur, et j'ai même demandé à mes amis et confrères ainsi qu'à des ingénieurs de dépenser avec moi leur intelligence et leur temps sans aucune garantie d'en tirer le moindre bénéfice un jour. Puis nous – je dis bien nous, car je ne serais pas parvenu au même résultat seul – avons propagé ces projets viraux à travers de grands événements culturels comme l'Exposition universelle de Shanghai ou les biennales d'art contemporain de Venise et Abu Dhabi... et ensuite via Internet bien sûr ! Et le monde s'est emballé ! J'aime à rappeler très régulièrement autour de moi cette citation de Serge Soudoplatoff : « Quand on partage un bien matériel, on le divise ; quand on partage un bien immatériel, on le multiplie. » Partageons donc notre savoir !

Ce village vertical qui abrite plus de mille familles haïtiennes est implanté sur un socle antisismique qui intègre les énergies maritimes renouvelables, et qui est recouvert d'un jardin tropical luxuriant.

Comme je vous le racontais plus haut avec Lilypad, un beau jour, le jeune architecte que je suis s'est retrouvé debout face au Parlement européen. Avant moi, une vingtaine d'intervenants avaient constaté dans quelle misère environnementale et sociale nous nous trouvons. J'ai présenté mes projets manifestes. Pas seulement des concepts consistant à s'inspirer de l'histoire et du mode de vie de chaque site, de son climat, de sa végétation, et à s'y adapter, mais aussi des solutions pratiques, concrètes, réalisables. À mesure que je les expliquais, j'ai vu les visages, d'abord abattus, s'ouvrir avec curiosité et enthousiasme. De la même façon, j'ai été interrogé par la presse, par les enfants des écoles primaires et par les étudiants de Polytechnique et de l'université Panthéon-Sorbonne, par des commissions de l'ONU et de laboratoires scientifiques. Je n'avais toujours pas rénové la moindre longère à papa. Mais des investisseurs, dans le monde entier, ont décidé de me faire confiance pour mettre en œuvre leurs projets. Je ne touche pas encore la lune, mais je m'approche des étoiles…

III.
MES PROJETS EN CHANTIER
ET AUTRES ÉTUDES EN COURS

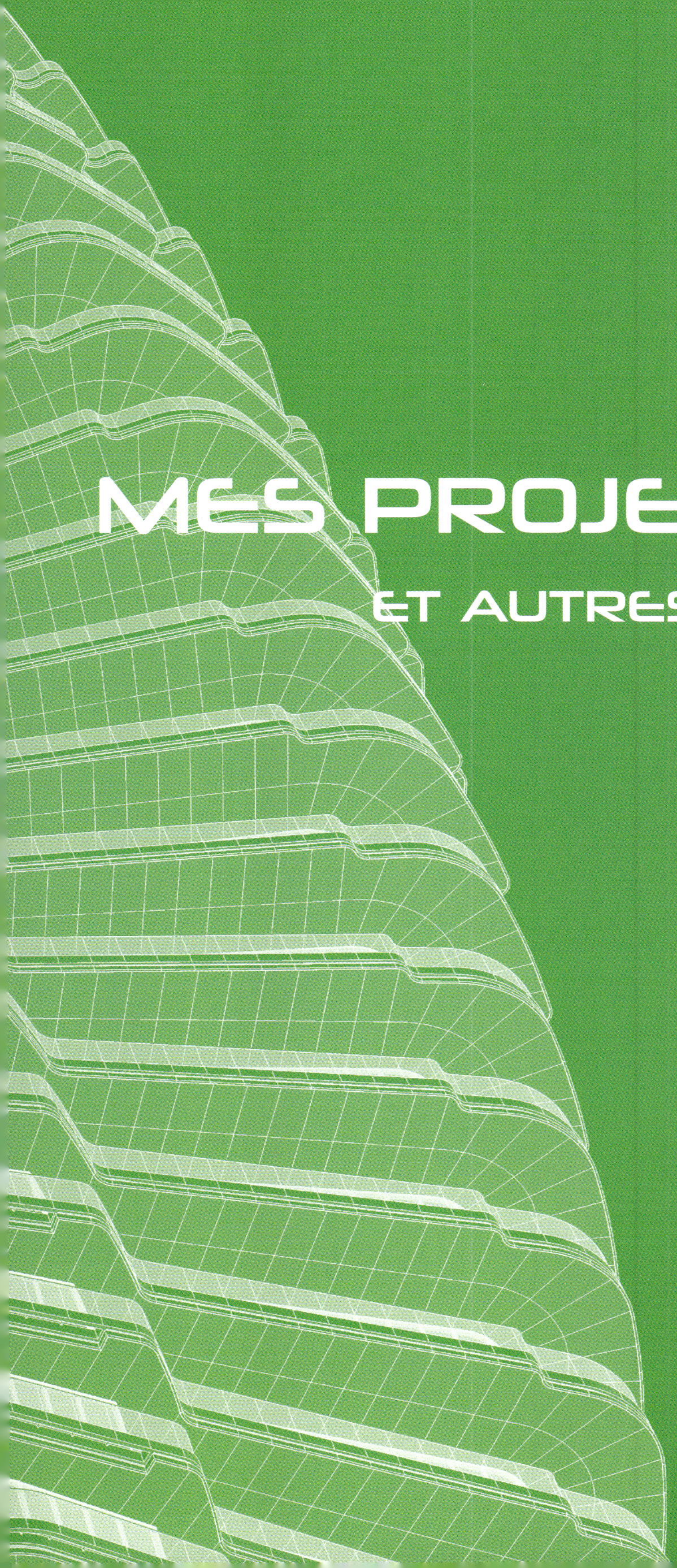

兩岸 三地
優質 快遞
TEL (02) 787-6577
2561 -VD

Cette tour résidentielle écologique et antisismique, recouverte de jardins suspendus dans le ciel, sera livrée à ses futurs résidents fin 2017.

Le rêve devient réalité à Taïwan

Grâce aux projets manifestes qui ont fait connaître nos ambitions et les solutions que nous avançons pour la sauvegarde de la planète, mon équipe et moi sommes de plus en plus sollicités dans le monde, principalement dans les pays émergents alliant boom démographique et taux de croissance élevé. En Chine et à Taïwan notamment, mais aussi au Moyen-Orient et en Afrique du Nord, plusieurs constructions estampillées Callebaut seront bientôt livrées à leurs commanditaires. J'espère qu'elles permettront d'apporter la preuve concrète, habitable, respirable même, que je suis un bâtisseur et non seulement un rêveur !

À Taipei, la tour Tao Zhu Yin Yuan[6] comprendra 45 000 m² de logements situés dans un havre de paix au cœur de la ville. Ses premiers habitants s'y installeront courant 2017. Il s'agit d'une tour spiralée qui intègre toutes les normes environnementales exigibles à Taïwan. Elle présente une très haute résistance aux typhons et peut encaisser des tremblements de terre de 10.0 sur l'échelle de Richter. Elle est véritablement élastique, elle plie, mais ne rompt pas. C'est ainsi que j'ai remporté le projet : en dépassant les attentes du client. Celui-ci a lancé un concours en 2010 et m'a invité à y participer après avoir pris connaissance de mes projets manifestes. « J'adore Hydrogénase et Dragonfly, m'a-t-il dit. Explique-moi tout. » Il m'a fait venir au siège de sa compagnie : face à tous ses ingénieurs, j'ai détaillé mes idées. Ils étaient enthousiastes : « Vincent, tu as cent ans d'avance ! » Plus que la flatterie, j'ai aimé leur capacité à imaginer l'avenir de façon positive et novatrice. J'aime les gens qui osent prendre des risques en mettant en œuvre ce qui n'a encore jamais été fait. Innover est souvent la meilleure locomotive pour fédérer de très beaux projets et de très belles histoires humaines avant tout.

Mon client, BES Engineering Corporation, m'a fait venir sur le site choisi dans le quartier de Xinyi, comme neuf autres agences retenues pour concourir. Son immeuble devait occuper l'espace d'un hôtel voué à la démolition sur la Song Gao Road, la grande avenue Est-Ouest – l'équivalent de nos Champs-Élysées – qui borde le fameux Sun Yat-Sen Memorial Hall et compte déjà de grandes tours, un centre administratif et des commerces. Dans mon métier, s'imprégner de la culture locale et du mode de vie des commanditaires est fondamental pour répondre au mieux

6. Tao Zhu Yin Yuan signifie « la retraite de Tao Zhu », du nom d'un ancien chancelier chinois dans l'État du Yue à l'époque connue sous le nom de période des Printemps et des Automnes, de 771 à 481/453 av. J.-C.)

à leurs attentes. C'est lorsque l'agent marketing du projet m'a invité à déjeuner chez lui que j'ai eu le déclic. Il vivait quelques pâtés de maisons plus loin, dans une résidence assez haute qui s'articulait autour d'un jardin. Je me suis étonné qu'il habitât au deuxième étage, et non au vingtième, d'où il aurait eu une vue magnifique sur la ville, la rivière Keelung et la montagne des Éléphants, ces deux derniers éléments étant prépondérants dans les règles du Feng shui qu'il faut absolument mettre en œuvre dans l'architecture des pays asiatiques. Il m'a expliqué : « C'est moi, au deuxième étage, qui possède l'appartement le plus calme. Parce que de ma fenêtre, je peux voir le cœur des arbres. Cette masse végétale, c'est reposant, ça me zénifie. Pour moi, en ville, c'est le must. »

Bien sûr, j'ai aussitôt pensé qu'il y avait peut-être moyen de conjuguer la vue sur le jardin et la vue panoramique sur la capitale taïwanaise. « Si je te dessine une tour avec tous les avantages de la *skyline* et le cœur d'un arbre devant ta fenêtre, ça va te plaire ? » Il m'a répondu qu'il en rêvait. Le soir même, seul au bar de mon hôtel – celui-là même qui serait démoli pour laisser place à « ma » tour –, je crayonnais la future Tao Zhu Yin Yuan sur un cercle en carton, le sous-bock de ma bière. J'ai donc imaginé une structure géométrique capable de supporter des balcons à ciel ouvert pour que les habitants de chaque logement profitent pareillement d'une vue sur une végétation dense, comme dans un véritable jardin. Puis je suis rentré à mon agence, à Paris, et j'ai parfait le projet. Face au jury final qui regroupait plus de deux cents ingénieurs, architectes, banquiers et fonctionnaires de la ville, nous n'étions plus que trois agences d'architecture, dont une récompensée par le Pritzker Prize… C'est la mienne, la moins renommée, celle qui n'avait encore rien construit en son nom, qui a remporté le concours. Nul n'est prophète en son pays mais les outsiders audacieux ont encore une belle place à l'étranger !

Directement inspiré de la structure en double hélice de l'ADN, deux tours hélicoïdales s'articulent comme des siamoises autour d'un noyau central hypercompact. Chaque double hélice est représentée dans le projet par deux unités de logement formant un niveau complet, et qui peuvent être raccordées pour former un appartement plus grand. Ainsi, à partir de leur base vers le sommet, les vingt niveaux habités en double hélice s'étirent et se vrillent à 90 °. La sinuosité obtenue correspond au symbole musical universel de l'harmonique révélant la notion d'équilibre ultime loué par le projet.

Le MERIDIEN

Cette torsion de 90 ° répond à quatre objectifs majeurs : la morphologie du projet change en fonction de son orientation. Ses élévations est-ouest dressent un profil en forme de pyramide rhomboïdale tandis que celles nord-sud représentent une pyramide inversée reposant sur sa pointe. Le bâtiment comprend ainsi un maximum de cascades de jardins à ciel ouvert et en suspension, dépassant la surface plantée requise tout en demeurant dans les normes et retraits urbains imposés par la ville. Troisième objectif, Tao Zhu Yin Yuan offre aux habitants une vue exceptionnelle vers la très proche tour Taipei 101 et son quartier central des affaires en pleine émergence. Enfin le projet est généré à partir d'un niveau normalisé souple dont la structure assure l'intimité et la confidentialité de chaque appartement en évitant les axes de vision indiscrète. À l'image du Coral Reef, il s'agit d'une architecture standardisée en usine : les poutres étaient prémontées pendant qu'on faisait les fondations antisismiques.

Un cylindre central, le noyau, comprend les cages d'escalier, les ascenseurs et le monte-charge pour acheminer un piano à queue ou une voiture de collection dans un appartement par exemple. Ce noyau est naturellement ventilé et éclairé, et supporte à son sommet une grande pergola solaire en sustentation dans le ciel. Celle-ci produit l'électricité nécessaire au bon fonctionnement de tous les espaces communs. Au pied de la tour, un jardin circulaire rayonne autour du joint sismique, ce fameux joint qui, couplé aux isolateurs placés sous chaque point porteur de la tour, fait en sorte que le bâtiment soit désolidarisé du socle de la ville en cas de tremblement de terre.

Après avoir conçu la maquette, nous ne pouvions pas affirmer à 100 % que le bâtiment était réalisable. Des ingénieurs allemands ont tout d'abord proposé une solution technique, à laquelle le client a renoncé parce qu'elle comportait trop de murs et de poteaux à l'intérieur des appartements, impactant ainsi leur flexibilité spatiale. Une autre grande agence d'ingénierie basée à Los Angeles et à Taipei a inventé une structure qui est venue fusionner avec mon concept architectural grâce à l'utilisation de poutres échelles inventées en 1896 par le Belge Arthur Vierendeel, professeur d'université en génie civil. Eh oui, encore un Belge ! Cette fusion de la géométrie avec l'ingénierie avancée a permis de construire des unités résidentielles sans colonnes (il n'y en a pas à l'intérieur des appartements, sauf le long des balcons aux étages impairs), avec une hauteur sous-plafond de trois mètres, des doubles planchers techniques et une haute résistance sismique grâce à la charpente élastique. En cette fin d'année 2015, la silhouette de cette charpente en acier prend vie.

Depuis la forêt urbaine située à ses pieds jusqu'au plus haut balcon paysager, le projet sera recouvert de plus de 25 000 arbres et arbustes ! La facture énergétique du bâtiment sera divisée par deux par rapport à une tour classique et elle permettra d'économiser l'émission dans l'atmosphère de 130 tonnes de CO_2 par an : c'est déjà formidable sous un climat tropical, et c'est la preuve que sous un climat tempéré, comme celui de Paris, on pourrait atteindre une autonomie énergétique totale.

Chaque fois que je me rends sur le chantier, je repense avec une certaine émotion à mon sous-bock de bière… et je me rends compte, après cinq années de travail intensif, à quel point il est captivant de fédérer une équipe internationale afin de construire ses idées. Les bâtiments historiques comme la tour Eiffel à Paris et Hagia Sophia à Istanbul ont mis en œuvre les géométries et les technologies les plus innovantes de leur époque. Ce sont des architectures charismatiques parce qu'elles touchent notre âme. La véritable ambition de toute mon équipe est de faire entrer dans l'histoire de l'architecture la Tao Zhu Yin Yuan en en faisant un *landmark*, un nouvel emblème de Taipei. Signe avant-coureur, le projet a reçu en 2014 le Prix international d'architecture du meilleur projet résidentiel attribué par le Chicago Athenaeum à New York. La même année, il était aussi finaliste du Festival international d'architecture à Singapour (WAF) et, en 2015, du Prix de l'innovation des bâtiments de grande hauteur attribué à Chicago par le CTBUH (The Council on Tall Buildings and Urban Habitat).

Photographie du chantier en 2015.

Chaque appartement jouit d'un jardin suspendu dans le ciel taïwanais avec une vue panoramique sur la *skyline* ponctuée par la fameuse tour Taipei 101, la tour aux 101 étages.

Le long de la Song Gao Road, la grande avenue qui traverse Taipei d'est en ouest, la Tao Zhu Yin Yuan représente un véritable écosystème végétal, un arbre géant habité rapatriant la flore endémique au cœur du minéral Xinyi District.

Voici la vue initiale du hall d'entrée. Il joue la carte de la transparence totale avec la forêt urbaine qui sert d'écrin à la tour. Un aquarium marchable accueillait les résidents. La vie des poissons alimentait en nutriments les murs végétaux du noyau d'ascenseurs. Cette proposition a été revisitée par nos architectes d'intérieur américains.

Entre fleuve et montagnes, cet ensemble de tours mixtes à énergie positive, qui abrite logements et bureaux, s'inspire de la structure de l'ADN et du Feng shui.

D'autres tours spiralées à l'étude

Tao Zhu Yin Yuan devrait être livrée fin 2017, mais en tant que véritable prototype, elle a déjà fait des petits qui mettent en œuvre toutes les inventions déployées à Taipei : les DNA Towers, un ensemble de vingt-quatre tours à énergie positive, hautes de deux cents, trois cents et quatre cents mètres, ont été développées à Shanghai pour le même client. Nous sommes à la recherche du bon terrain. Ces Citytrees, véritables arbres urbains, reprennent la forme torsadée de la Tao Zhu Yin Yuan et sont respectueux de la philosophie Taiji, source de vie et de dynamisme, symbole d'harmonie entre l'être humain et la nature.

SWALLOW'S NEST

TAICHUNG, TAÏWAN

Un bâtiment en pleine révolution à l'horizontale

Autre déclinaison technique de la Tao Zhu Yin Yuan, le projet spiralé, mais à l'horizontale cette fois, appelé Swallow's Nest, que nous avons présenté lors d'un concours international pour la ville de Taichung, toujours à Taïwan (concours remporté par des architectes japonais). Il se développe sous la forme d'un ruban de Möbius tridimensionnel qui extrude sa section triangulaire autour d'un chemin elliptique. Cet écrin sensuel et organique est créé par la simple répétition d'une même section standardisée qui tourne quatre-vingts fois de 4,5 ° dans le sens horaire pour effectuer une révolution complète de 360 ° autour d'un immense patio central. Ce musée exprime néanmoins tout mon amour pour la géométrie, les mathématiques appliquées et les surfaces minimales complexes que je tente de mettre en œuvre au sein de chaque projet.

Destiné à accueillir le musée d'art contemporain municipal, ce bâtiment solaire formant un nid d'hirondelle et inspiré de l'anneau de Möbius, n'a hélas pas remporté le concours international mais reste à mes yeux un projet pionnier.

Vue aérienne du projet avec sa canopée solaire aux écailles bleues photovoltaïques et aux volcans blancs elliptiques, intégrant des tubes thermiques pour l'eau chaude sanitaire. Les neuf cheminées à vents, les fameux malqafs, permettent de rafraîchir sans un seul kilowatt l'air extérieur en le faisant passer sous les fondations.

Une oasis de logements et de commerces

J'ai pu travailler sur les DNA Towers et Swallow's Nest grâce à la notoriété naissante que j'ai acquise avec les projets manifestes et la tour Tao Zhu Yin Yuan. D'une façon plus directe encore, le développeur égyptien Abraj Misr, désireux de construire selon des normes environnementales encore inusitées dans son pays, m'a passé commande d'un gigantesque complexe de 450 000 m². Il s'agit de The Gate, soit mille appartements et une centaine de duplex variant de 65 à 285 m², un hôtel cinq étoiles, des bureaux et un centre commercial de 250 000 m². Le chantier a débuté cette année en avril au Caire, au cœur de la cité du Soleil, la bien nommée Héliopolis, le long de la prestigieuse avenue El Nozha (La Promenade). Ce projet devrait être livré en 2019.

Voici les contraintes auxquelles mon agence a dû s'adapter : la réglementation au Caire impose une forte densité de 66 % et un plafonnement du projet à 42 mètres de hauteur. Le challenge était d'atteindre ce seuil de 66 % tout en multipliant au maximum les balcons, jardins, promenades, piscines, et les espaces plus techniques liés aux technologies de récupération et de transformation des énergies et des déchets, le tout bien sûr en protégeant du soleil. Nous avons dû aussi nous conformer au plan fonctionnel de distribution des espaces décidé par l'investisseur : un plan en peignes, tout simplement, c'est-à-dire une grande allée centrale qui dessert des cours intérieures thématiques de chaque côté. The Gate Heliopolis consiste donc en un rectangle, long de deux cent cinquante mètres, tranché d'est en ouest par une rue centrale appelée « le boulevard » (afin de limiter l'apport solaire et de profiter des vents dominants), et six patios perpendiculaires, tous ouverts vers la rue. Enfin le client souhaitait un projet éco-high-tech propulsant sa ville vers le futur, et il refusa tout attribut historiquement arabisant dans le projet, comme les moucharabiehs par exemple.

Basé sur les formes et la technicité que l'on trouve dans la nature, l'archibiotic rejette les angles droits (que l'on ne trouve nulle part dans la nature). C'est pourquoi mes projets prennent toujours des formes arrondies, maternelles, enveloppantes : l'eau et le vent, éléments de vie, glissent et ne heurtent pas les courbes, ils les épousent. Une partie de mon travail sur The Gate Heliopolis a donc consisté à le mettre en accord avec mon concept, en le polissant notamment sur le plan esthétique, malgré ses nombreux angles à 90 °. Par ailleurs, sous un climat

Mêlant étroitement logements et commerces, cette oasis urbaine multifonctionnelle et intelligente intègre les énergies renouvelables et les techniques de bioclimatisation des lointains pharaons… L'innovation se trouve parfois dans le passé !

Vue intérieure du boulevard commercial distribuant les cours intérieures thématiques. D'est en ouest, il est traversé par les vents dominants du Caire.

désertique comme celui du Caire, il s'agissait de relever le défi double de la ventilation et de l'apport de lumière naturelle. Nous y sommes parvenus en mixant certaines techniques ancestrales et les technologies de pointe. Au final, le bâtiment a bien la même signature architecturale qu'un Lilypad et il présentera une facture énergétique en baisse de 75 % par rapport à une construction classique, ce qui est déjà très bien, encore une fois, dans un pays aussi chaud.

Le boulevard central et chacun des patios sont ponctués par les Megatrees, des immenses structures arborescentes torsadées faisant office simultanément d'ombrelles et de cheminées à vents en vue de rafraîchir naturellement l'air ambiant des espaces publics intérieurs : l'air extérieur, à 40° C, est aspiré en façade, il passe sous les fondations où il bénéficie de l'inertie de la température du sol (stable à 18° C toute l'année), et ressort dans le centre commercial rafraîchi de 10° C sans coûter un seul kilowatt. Ces neuf Megatrees sont directement inspirés des ancestraux malqafs que l'on trouvait déjà dans les temples des pharaons, notamment dans celui de Neb-Ammun durant la XIXe dynastie.

Les huit îlots d'appartements sont enrobés d'une canopée aux écailles proactives, c'est-à-dire capable de produire de l'énergie électrique pour éclairer les parties communes du complexe. Les logements bénéficient d'une baie vitrée toute hauteur qui donne sur l'une de ces grandes structures végétalisées qui diffusent l'air frais, aidées par l'évapotranspiration des plantes. Pour l'irrigation de celles-ci, on utilise les eaux grises du bâtiment (moyennement sales, comme celle du lave-vaisselle, des éviers de cuisine ou des lavabos) qui sont d'abord filtrées puis réinjectées en boucle fermée au cœur de la végétation, les plantes utilisant les déchets organiques qui restent dans l'eau comme nutriments. La façade sud est protégée par un parement en céramique blanche qui assure une bonne ventilation et évite la surchauffe. Des ouïes permettent, comme un système de claustra, le passage de la lumière sans que les rayons dardent directement dans les logements.

L'ensemble compte neuf étages de logements et de bureaux, trois étages de commerces, un étage de supermarché et quatre niveaux de parking en sous-sol. En partie supérieure, des passerelles relient les espaces entre eux. Dans le monde arabe, les familles se retrouvent sous la voûte étoilée : la toiture supporte donc une épaisseur d'un mètre de terre sur 25 000 m² où sont installés des potagers, des vergers, mais aussi des espaces collectifs, des parcours sportifs et des piscines naturelles à débordement. Ainsi, on peut vivre en toute autonomie dans un complexe comme The Gate Heliopolis, avec une empreinte carbone faible dans un pays qui est encore à l'aube de la révolution écologique. La commercialisation des logements a commencé, elle attire des Égyptiens soucieux de modifier leur mode de vie, en respect avec l'environnement, mais toujours en accord avec leurs traditions. Concilier hier avec demain, c'est aussi là un défi qui me motive dans mon travail. Il faut toujours s'adapter aux hommes, quels que soient leur culture, leur territoire, leur ouverture d'esprit, leur façon de travailler et de respecter les concepteurs des projets. Comme dans tout travail professionnel, il s'agit toujours de faire des concessions sans se perdre en chemin. Il faut donc se fixer un cap précis dès le début. Sur le plan de l'optimisation des ressources et de l'énergie, The Gate Heliopolis crée un progrès faramineux en Égypte… et dans ma jeune carrière. Ma belgitude me poursuivant, j'ai appris il y a peu que la ville nouvelle Héliopolis avait été créée il y a plus d'un siècle par un businessman belge – le baron Empain –, amateur éclairé d'égyptologie qui rêvait d'y réaliser une cité jardin au milieu du désert. La boucle est bouclée !

Vue des malqafs, des balcons paysagers et des passerelles reliant le verger communautaire et les équipements sportifs situés en toiture du complexe.

WOODEN ORCHIDS

RUICHANG, CHINE

Un centre culturel et commercial en bois

Alors que le chantier commençait à peine au Caire, j'ai concouru, en Chine, à Ruichang, avec un autre projet de centre commercial futuriste de 20 000 m² combinant en milieu rural cette fois des espaces culturels, sportifs et agricoles : Wooden Orchids. J'ai appris en juin que mon agence avait été primée pour ce concours : grande joie ! Sauf que le commanditaire du projet, Huayan Cultural Investment Company, basé à Pékin, a décidé, finalement, de ne pas passer à l'étape suivante. Il ne construira pas. Quelle frustration pour mon équipe et pour moi ! Et quel dommage : nous avions imaginé une structure innovante toute de bois vêtue et inspirée des pétales d'orchidée. Situé dans la province du Jiangxi, entre le lac Poyang et le mont Lu, classé au patrimoine mondial de l'Unesco, Wooden Orchids proposait une nouvelle expérience commerciale et culturelle écoresponsable et high-tech, basée sur l'agriculture urbaine biologique, les marchés maraîchers, les commerces équitables ainsi que les espaces partagés en coworking et autres *fab labs* spécialisés dans l'impression numérique d'objets et de meubles, customisables à souhait. Par le biais de cette architecture caverneuse, j'avais pour ambition de révolutionner le rôle même d'un centre commercial en retissant spatialement des liens forts et directs, bref de l'humain, entre les producteurs et les consommateurs.

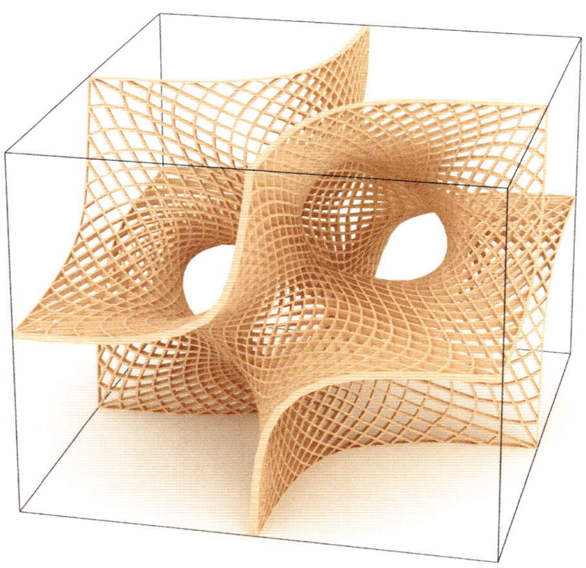

Inspiré des pétales d'orchidées et destiné au commerce équitable et biologique ainsi qu'aux *fab labs*, ce projet de centre commercial en bois a été primé lors du concours lancé par son investisseur… Hélas, ce dernier, bien que séduit, a décidé de ne plus le construire.

La place centrale, englobée par sa charpente en pétales de bois lamellé-collé, accueille les bars, les restaurants, les cinémas, les salles d'exposition, ainsi que les marchés ouverts aux fermiers locaux pour vendre leurs produits issus de l'agriculture biologique.

Au cœur du centre commercial, un jardin zen stratifié et tout de bois vêtu permet de se relaxer et de pique-niquer dans un havre de paix. Les rayons du soleil sont filtrés par la canopée solaire rendant le projet autonome en énergie.

Sous le climat désertique du Caire, cet îlot urbain de mille trois cents appartements, construit sous forme de dunes enrobées d'un moucharabieh solaire géant, mêle tradition et modernité.

Des dunes d'appartements

Je reviens au Caire pour parler brièvement de Solar Dunes, un ensemble de mille trois cents logements autosuffisants que le même investisseur égyptien, Abraj Misr, m'a commandé en 2014. Il s'agit de créer une ville dans la ville en édifiant huit bâtiments en forme de dunes et dont les logements de 125 à 225 m^2 sont tournés vers l'intérieur de l'îlot, se protégeant ainsi du rythme trépidant et bruyant du Caire. Encore une fois, l'ensemble intègre toutes les technologies renouvelables et les règles du bioclimatisme pour assurer au quotidien la bonne ventilation et la production d'énergie nécessaire aux habitants, avec la transformation des déchets en ressources naturelles. Ce projet, actuellement en suspens, symbolise pour moi le juste équilibre entre culture traditionnelle et modernité technologique.

Le permis de construire de ces quarante-cinq résidences à énergie positive est actuellement à l'étude. Plantées dans un verger communautaire, ces villas réintègrent la permaculture et l'agroforesterie, et offrent une alternative à la vie en ville.

FLAVOURS ORCHARD

KUNMING, CHINE

Réinventer la campagne pour décourager l'exode rural

Alors que certaines régions du monde sont obligées de densifier leurs villes pour répondre à la demande de logements tout en limitant le recours aux énergies fossiles, certains pays doivent trouver le moyen de freiner le déplacement des populations rurales vers les mégapoles. C'est le cas en Chine où ce phénomène d'exode rural a des conséquences terribles sur l'environnement : le secteur du bâtiment engloutit actuellement 40 % de l'énergie consommée, le restant se partageant à parts égales entre les transports et l'industrie. Il est donc urgent d'apporter aux campagnes une qualité de vie qu'elles ont perdue – ou jamais eue – tout en limitant leur impact sur la nature. C'est le but du projet Wooden Orchids à Ruichang mais également celui du projet que m'a commandé un autre promoteur chinois, Chongqing Iron and Steel Company Limited. Je l'ai appelé le Flavours Orchard, le Verger des saveurs. Vivre dans une résidence à énergie positive capable de réguler la lumière et la température avec intelligence selon la course du soleil, cultiver, en harmonie avec ses voisins, le potager partagé, flâner entre les marais de récupération des eaux pluviales et les lagunes de recyclage où les carpes koï naviguent sous les fleurs de lotus, se baigner dans une piscine naturellement filtrée, entendre les rires des enfants de l'écoquartier qui disputent avec leurs grands-parents des parties de Mahjong, de Go et de Cuju dans le champ agroforestier sauvage… Voilà le programme écoresponsable que présente ces quarante-cinq villas implantées dans un immense verger communautaire sans clôture.

Le Verger des saveurs sera perché à 1 894 m d'altitude, à Kunming, dans la province du Yunnan. Cette ville jouit d'un climat tempéré toute l'année, si bien qu'elle est surnommée « ville du printemps éternel ». Le site, intégrant ces 90 000 m^2 de construction, est une ancienne friche industrielle vouée à être réhabilitée en écoquartier exemplaire sur le plan des innovations durables, et donc reproductible partout en Chine. La production d'une agriculture biologique en pleine terre et tous les principes de permaculture sont rapatriés au cœur de la cité, haut lieu de sa consommation, tout en respectant les qualités naturelles du site et les écosystèmes endémiques (arbres, haies, ruisseaux, flore et faune sont préservés). L'ensemble intègre

Vue depuis le verger vers l'une des résidences « Möbius ». Le ruban en bois contient tous les espaces de nuit en lévitation sur le rez-de-chaussée panoramique, voué aux espaces de jour.

une smart grid autogérée par les habitants-jardiniers et les intervenants du projet[7]. Chaque villa, pouvant chacune accueillir sept familles, associe effectivement une domotique de pointe à un réseau Internet des énergies produites afin de redistribuer les surplus (électriques, calorifiques et alimentaires) vers les besoins les plus proches, évitant ainsi les pertes en ligne ou liées au stockage/déstockage. Outre les piles à combustible, les véhicules électriques sans chauffeur téléguidés par satellites servent également de stockage tampon du surplus d'électricité produite par les toitures solaires, et assurent gratuitement et proprement les déplacements quotidiens des habitants.

Toutes les villas sont équipées des nouvelles technologies en matière d'économie et de production d'énergie. Les eaux grises sont recyclées dans des lagunes de phyto-épuration pour l'irrigation agricole et les chasses d'eau dans les sanitaires tandis que les eaux usées sont envoyées à travers des façades « double-peau » de bioréacteurs (panneaux de verre remplis d'algues) pour une digestion anaérobique. Le méthane ainsi émis durant ce processus de photosynthèse accélérée sera utilisé pour produire de l'électricité et pour rafraîchir les intérieurs. Au final, ces villas présentent une consommation totale d'énergie primaire (chauffage, eau chaude sanitaire, tous appareils électriques confondus) estimée à moins de 50 kwh/m^2/an pour une production moyenne pouvant atteindre 100 kwh/m^2/an via le solaire et l'éolien. Selon le bon usage des habitants et une domotique poussée, la consommation d'énergie primaire pourrait même descendre sous le seuil des 35 kwh/m^2/an.

Au-delà de leurs points communs, les quarante-cinq villas à charpente mixte bois/acier se divisent en trois typologies architecturales distinctes, formant ainsi trois micros écoquartiers ayant leur propre identité. La villa Möbius est organisée sur un ruban dessinant le symbole de l'infini autour de deux patios, l'un aquatique, l'autre végétal. Construit à partir de la répétition d'un seul et même module trapézoïdal, il forme un parcours piéton continu en pente douce de 720° tout au long de sa double révolution et il est recouvert par une toiture végétalisée, véritable potager suspendu, à forte inertie thermique, et d'une verrière zénithale photovoltaïque. La villa Montagne se déploie en éventail à 180° d'est en ouest pour suivre la course du soleil. C'est une architecture « double coque » présentant une façade sud solaire et une façade nord en bois perforé. Enfin la villa Coquillage se libère du sol depuis ses six piliers en acier inoxydable pour s'étirer vers le ciel. Le permis de construire de ce projet est actuellement en étude.

7. Une smart grid est un système électrique global faisant interagir toutes les nouvelles technologies de pointe dans le but de réduire le recours aux énergies fossiles, voire de le supprimer. Ce réseau intelligent, véritable Facebook de l'énergie, permet aux bâtiments de s'échanger en temps réel les énergies qu'ils produisent.

Les quinze résidences « Montagne » et leur double coque en bois tressé sont entourées de bassins de récupération des eaux pluviales, de lagunes de phyto-épuration et de piscines naturelles.

Vue intérieure d'une des résidences « Montagne ».

Les résidences « Coquillage » semblent virevolter sur elles-mêmes le long de leur axe central, dressant une éolienne axiale bien au-delà de la cime des arbres.

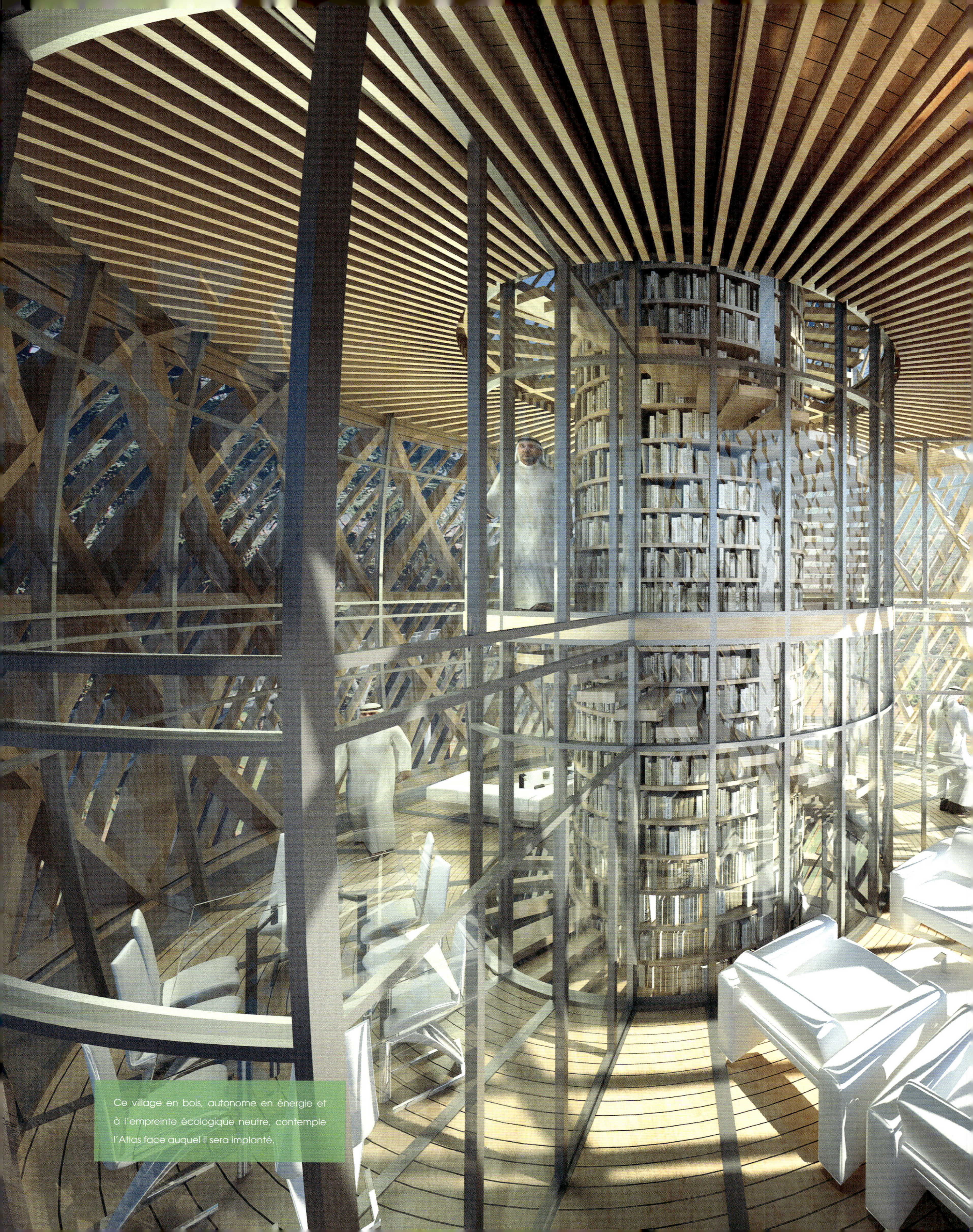

Ce village en bois, autonome en énergie et à l'empreinte écologique neutre, contemple l'Atlas face auquel il sera implanté.

Des chalets respectueux de leur terrain

Une autre commande m'a poussé à travailler sur l'implantation de maisons dans un paysage complètement vierge et sauvage cette fois : Kings Forest. Au cœur de la forêt des Rois à Ifrane, près de Fès au Maroc, il s'agit de construire 10 000 m² d'habitations en kit sans toucher aux arbres et à l'environnement, même à long terme : quand bien même elles seraient démontées un jour, elles ne laisseraient aucune trace de leur existence et pourraient être remontées ailleurs. Le propriétaire du lieu, désireux de respecter le site merveilleux de sa résidence d'été, à l'ombre de la majestueuse forêt de cèdres rouges millénaire, m'a permis de réaliser un rêve que nous partageons tous depuis l'enfance, celui de construire des cabanes dans les arbres... Mais des cabanes à l'architecture organique et au confort inégalable. Il s'agira là d'un minivillage en pleine nature qui devrait avoir poussé dans les cinq prochaines années.

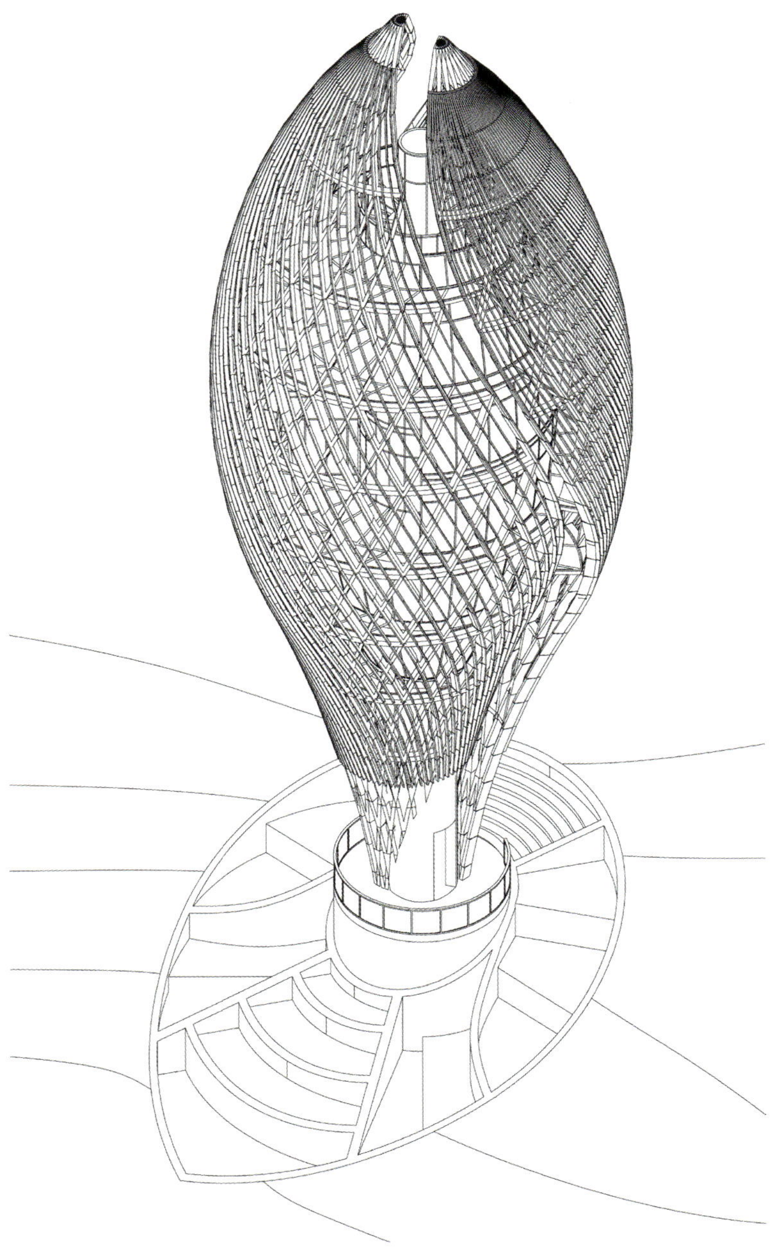

À la lisière du champ et de la forêt de cèdres rouges, les chalets verticaux semblent éclore du sol comme des bourgeons. Ils offrent une vue panoramique à 360° sur la nature sauvage environnante.

Au sommet du relief de la montagne, les chalets horizontaux sont de plain-pied et se jettent dans le vide comme des tremplins. La charpente en bois de leur toiture est inspirée des nervurassions d'une feuille d'arbre.

Présenté en concours pour la réhabilitation des casernes militaires Guido Reni, à Rome, cet ensemble urbain autosuffisant en énergie fusionnait ville et paysage. La toiture du musée était ouverte au public et transformée en vergers communautaires.

Un projet urbain inspiré du Land Art

Je veux terminer ce chapitre par un projet qui me tenait à cœur – et qui n'a pas été retenu, malheureusement – pour la Cité des sciences de Rome, en Italie. Il était question ici aussi de transformation intelligente, celle de l'ancien site militaire des casernes Guido Reni en un ensemble voué à la fois à l'habitat écologique et à la culture. Ainsi auraient été mis en place une trame urbaine de transports doux à zéro émission de carbone, les énergies renouvelables réseautées en smart grid comme les lampadaires éoliens par exemple (les phylolights), une domotique connectée, la récupération des eaux pluviales, le recyclage des déchets en biomasse, ainsi qu'une charte de matériaux de construction durables. Supervisé par Paolo Colarossi, professeur en technique et planification urbaine à la faculté d'ingénierie de la Sapienza, ce projet urbain, flexible et multifonctionnel misait avant tout sur l'intégration d'une haute mixité sociale – 70 000 m² de logements – dans un écosystème urbain luxuriant, réinventant le tissu vernaculaire de la ville éternelle.

Le nouveau musée de la Cité des sciences de Rome que j'avais imaginé aurait pris place dans un bâtiment à charpente en bois. Il aurait constitué un vaste paysage habité en pente douce offrant en partage sa toiture-verger et des vues panoramiques vers le Tibre, le musée d'art contemporain voisin et l'auditorium de Rome. Les tours vrillées plus au sud auraient suspendu leurs balcons potagers et se seraient transformées en véritable biotope pour la flore et la faune locale. Les habitants se seraient promenés sur le toit et dans les vergers communautaires ; dessous, les visiteurs auraient déambulé dans le musée comme en pleine nature.

Nous avions pris le parti de conserver beaucoup de bâtiments anciens et de les incorporer aux nouveaux, en douceur, et dans le respect de leur histoire. Comme à Paris, je voulais démontrer que l'architecture contemporaine peut se fondre parfaitement au patrimoine historique en misant sur le concept de solidarité énergétique entre les époques pour, toujours, être sobre en carbone.

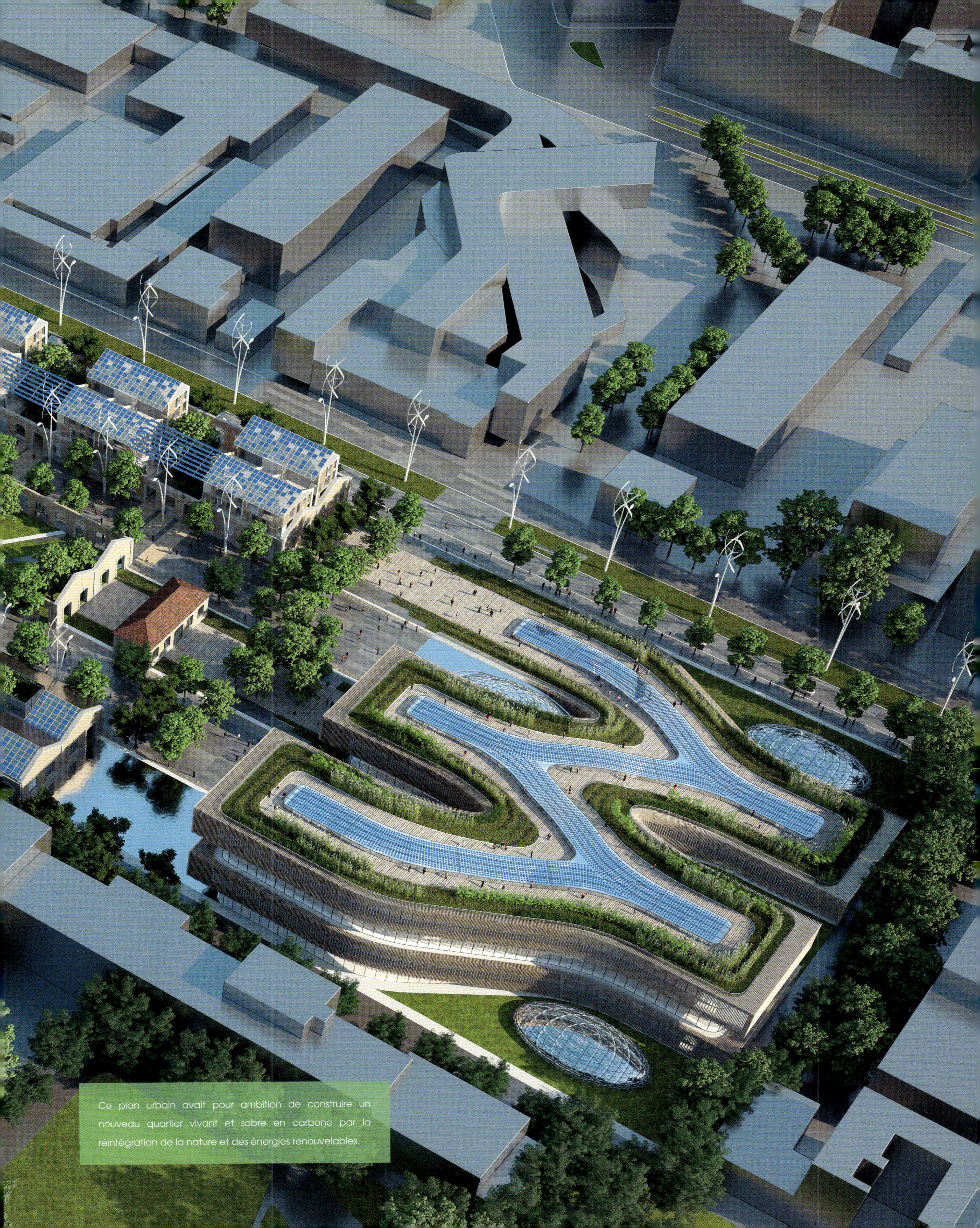

Ce plan urbain avait pour ambition de construire un nouveau quartier vivant et sobre en carbone par la réintégration de la nature et des énergies renouvelables.

IV.
ÉPILOGUE

Dernier des quatre projets manifestes qui m'ont fait connaître dans le monde de l'architecture, Hydrogénase propose une mobilité post-fossile propre : une ferme marine d'algues vertes recycle nos déchets dans les océans et alimente un aéronef en biohydrogène à empreinte carbone neutre.

La mobilité post-fossile est déjà possible

Nous sommes sur terre pour mettre de la beauté dans nos vies, parce que ce qui réjouit nos sens nous réconforte, nous rend plus heureux. Mais, en architecture, la beauté gratuite ne m'intéresse pas. Lorsque je dessine un projet, que ce soit une tour-jardin, une ferme verticale, une ville flottante, un musée d'art contemporain ou un centre commercial, je me soucie avant tout de sa fonctionnalité, de son organisation spatiale, de son empreinte écologique, de sa pérennité. Ensuite, je fais en sorte qu'il témoigne de son époque de manière séduisante. Hydrogénase, mon quatrième et dernier projet manifeste, présente selon moi les principaux attributs de la beauté : une fonction réinventée alliée à une forme intelligente et bio-inspirée, le tout associé à une forme de poésie vitale. Il s'élève dans le ciel, il y voyage, lentement, d'un continent à un autre, comme les ballons de notre enfance gonflés à l'hélium et qu'on regardait s'envoler vers les nuages.

Bien sûr, la notion de beauté est subjective. Notre œil formaté apprécie davantage ce qu'il connaît : la façade néoclassique d'un immeuble haussmannien plutôt qu'un vaisseau spiralé, le paquebot de *La croisière s'amuse* (et pollue !) plutôt qu'un Lilypad qui vient en aide aux réfugiés climatiques... De plus, notre raison se méfie de la nouveauté, souvent synonyme d'inconnu. C'est pourquoi l'aéronef Hydrogénase, plus de six ans après sa création, est toujours qualifié de « science-fictionniste ». Pourtant, il met en œuvre les mêmes avancées technologiques que certains de mes projets à l'état d'étude avancée, voire en cours de construction. Si j'ai réussi à vous convaincre, au fil de ce livre, que l'architecture peut être écologique, résiliente, dense et agréable à vivre à la fois, alors je peux espérer vous convaincre de la pertinence d'Hydrogénase.

Il s'agit d'un concept de mobilité aérienne et propre, à zéro émission de carbone, sans la moindre utilisation d'énergie fossile. Il se sert du vent et de la lumière, ressources illimitées jusqu'au prochain big bang (!), mais aussi de tous les déchets plastiques que nous, les hommes, avons déversés dans les eaux du globe au fil du temps. On a tous entendu parler du septième continent, grand comme six fois la France, constitué de bouteilles et autres détritus que les courants marins ont aggloméré au cœur de leur vortex, dans le nord-est de l'océan Pacifique. Et on reste tous les bras ballants parce qu'en effet : que faire ? On sait aussi que les eaux dans lesquelles nous nous baignons chaque été, comme celles de la Méditerranée par exemple, sont remplies de microparticules plastiques que les poissons ingèrent et qui finissent par entrer dans notre chaîne alimentaire. Eh bien oui, la Terre tourne à l'envers, nous finissons par manger nos propres déchets pétroliers. Hérésie... Là encore, on peut arrêter de participer à l'obsolescence programmée par notre société de surconsommation, on peut cesser de rejeter nos déchets plastiques dans la nature, ne plus prendre les sacs qu'on nous propose à la caisse du supermarché et agir ainsi sur la source du problème... Mais pour apporter une solution au problème déjà existant, nous sommes impuissants. Ces déchets, l'aéronef Hydrogénase est capable de les transformer en énergie et d'utiliser celle-ci pour se déplacer.

Concrètement, le prototype Hydrogénase se divise en deux parties : une ferme flottante et un zeppelin vertical. Ils fonctionnent en binôme, la première servant au second de piste d'atterrissage. Véritable station d'épuration biologique, la ferme est composée de quatre puits de carbone qui captent et recyclent les déchets plastiques en suspension dans l'eau : ils les digèrent par photosynthèse accélérée en milieu anaérobie – sans oxygène – au cœur de bioréacteurs d'algues vertes. Lors de la digestion se crée un gaz naturel plus léger que l'air, le biohydrogène, lequel est réinjecté dans la colonne central du zeppelin. Le rendement photochimique des bioréacteurs de micro-algues est accéléré par leur exposition au soleil zénithal sous des accélérateurs lenticulaires. La ferme flottante comprend des parties émergées et d'autres immergées. Quatre grandes arches structurent sa plateforme circulaire et distribuent verticalement tous les niveaux de son anneau central. À la surface, ces arches sont recouvertes de boucliers solaires thermiques et photovoltaïques tandis que sous l'eau, elles sont serties de trente-deux hydroliennes qui transforment l'énergie houlomotrice des courants marins en électricité. Non seulement cette ferme flottante produit de l'énergie propre, mais elle constitue un formidable observatoire de la faune et de la flore marines : des espaces de l'anneau central sont donc réservés aux scientifiques.

Ces zeppelins futuristes ne permettent pas d'acheminer des touristes de Paris à New York en quelques heures, mais de redécouvrir le plaisir du voyage en se rendant, plus lentement, à 175 km/h plus exactement, d'un point à un autre du globe, tout en transportant des marchandises qui ne sont ni impatientes ni rapidement périssables. En effet, ce fret

De part et d'autre de la tour Jin Mao, les hydrogénases flottent en sustentation dans le ciel de Shanghai au cœur du Bund et du quartier de Lujiazui.

aérien nécessiterait beaucoup moins d'infrastructures et de plateformes multimodales (pistes d'atterrissage, autoroutes, alternances bateau/camion, etc.), et serait donc nettement moins consommateur de territoire. Il serait aussi dix fois moins cher pour le transport de lourdes charges que la route, le chemin de fer ou le bateau, et résoudrait le problème des régions non équipées d'infrastructures routières ou aéroportuaires adaptées (déserts, océans...). Ce cargo volant, qui navigue en moyenne à deux mille mètres d'altitude, est haut de près de 400 m et large de 180 m. Il a une capacité de transport de fret pouvant aller jusqu'à 45 000 tonnes de céréales, de quoi nourrir par exemple 250 000 personnes pendant un an. Il est sept fois plus lent que l'avion, mais tout de même deux fois plus rapide qu'un bateau, et une fois et demi plus qu'un poids lourd. Un tel zeppelin dispose d'un rayon d'action de cinq à dix mille kilomètres selon sa charge de fret. Tous ses atouts conjugués font donc aussi de lui l'outil idéal de l'aide humanitaire en cas de catastrophe naturelle.

Formant une grande fleur prête à éclore, les espaces du zeppelin se répartissent en croix sous la forme de quatre pétales qui accueillent les principaux secteurs d'activité : logements, bureaux, laboratoires scientifiques et loisirs. La tige autour de laquelle se structurent ces pétales accueille les circulations verticales, les locaux techniques et les hangars de marchandises. Ces différents espaces habités sont englobés par quatre bulles géantes gonflées de biohydrogène et constituées d'une carène rigide en alliage léger. Ce fuselage est formé de poutres longitudinales torsadées reliées entre elles par de larges anneaux sinusoïdaux. Chaque extrémité des pétales est terminée par les empennages de direction tandis que sa pointe effilée porte les gouvernails de profondeur. Cette charpente est recouverte d'une double peau de toile étanche, ignifugée et vernissée pour diminuer la résistance à l'avancement. L'entre-deux est divisé en tranches dans lesquelles se trouvent des coussins remplis d'hélium. Ce matelas d'hélium en périphérie protège les ballons de biohydrogène de tout contact avec l'oxygène de l'air. Cette technologie hybride assure 70 % de la sustentation par le biohydrogène et l'hélium, les 30 % restants étant fournis par l'aérodynamisme induit par le fuselage et la voilure de l'aéronef torsadé qui permet de réduire les oscillations de la couche limite.

Ce type de vaisseau est évidemment plus lourd qu'un aérostat souple de même cubage, en raison du poids de la structure, mais il peut atteindre des vitesses plus élevées grâce à la solidité de sa carène composite, et transporter un tonnage plus fort, grâce à la possibilité de construire des enveloppes de toujours plus grande capacité (10 000 m^3 en 1900, 250 000 m^3 en 2010). Le fait qu'il soit plus lourd que l'air permet des descentes plus rapides surtout sans avoir à expulser du gaz. De plus, la sustentation s'appuie sur la compression et la décompression du biogaz. Hydrogénase peut donc s'alléger ou s'alourdir selon les besoins et l'altitude souhaitée.

Dans le but de construire un aéronef proactif à énergie positive, nous y avons également intégré toutes les énergies renouvelables. En effet, tandis que les bulles gonflables sont contrecollées de cellules photovoltaïques souples, les quatre ailes du paquebot embarquent des turbopropulseurs à récupération d'énergie. Ces vingt propulseurs sont articulés autour d'anneaux orbitaux leur permettant de passer de la position horizontale au décollage à la position verticale, assurant au vaisseau sa vitesse de navigation de 175 km/h. Les espaces habités intègrent par palier quelques jardins potagers phyto-épurant les eaux usées, des biomasses dégradant les déchets organiques, et des piles à combustibles embarquées. Comme dans tous mes projets, rien ne se perd, tout se recycle et se transforme !

En plus d'absorber l'énergie solaire, ce château ambulant dans le ciel s'inspire des technologies biomimétiques dans le but de réduire au maximum le poids de sa structure globale. Il est construit en matériaux composites comme la fibre de verre et de carbone mais aussi en biofibre élastique imitant l'ultrarésistance du fil de soie d'araignée, quatre fois plus importante que l'acier. L'habillage est aussi autonettoyant et il présente un verre nanostructuré inspiré de la feuille de lotus naturellement étanche. Le vaisseau est ainsi constitué de « peaux intelligentes », empêchant par exemple l'accumulation de glace ou de neige, et de « céramiques autoréparables », offrant une plus grande résistance à la déchirure et qui comblent automatiquement leurs fissures. Ce revêtement bionique est pour sa part inspiré de la peau du requin qui permet, sans toxicité, d'empêcher l'adhésion des bactéries, tandis que les quatre ailes présentent des irrégularités de surface, qui tout comme les « perles » recouvrant les nageoires de baleine, réduisent les turbulences. L'industrie et l'économie vertes répondent donc par ce prototype bionique aux aspirations écologiques de consommation, à une réglementation antipollution toujours plus exigeante et à la raréfaction des ressources fossiles.

Hydrogénase n'a rien à voir avec la science-fiction : des ingénieurs ont prouvé qu'il est possible de construire des aéronefs autosuffisants. Certains de mes projets en cours de réalisation apportent la preuve qu'on peut réduire son impact environnemental tout en permettant à l'architecture de sortir de ses limites. Par exemple, le système de transformation des déchets par biométhanisation, comme ici pour cet aéronef, peut être mis en œuvre immédiatement sur les futures façades de la tour Montparnasse. Des universités dans le monde entier ont développé des prototypes de panneaux d'algues vertes qui produisent deux fois plus d'énergie que les panneaux photovoltaïques classiques. Un jour, on aura peut-être des panneaux paysagers avec des couleurs d'algues différentes, capables, selon leur espèce, de dégrader différents types de déchets tout en ravissant nos yeux. Il ne faut pas s'arrêter à l'apparence d'un projet, ne pas se laisser aveugler par l'esthétique d'un bâtiment ou d'un aéronef : la beauté peut cacher une volonté concrète et pragmatique, une intelligence du construit au service de notre bien-être commun.

Lorsque je travaillais chez Jacques Rougerie, spécialiste de l'architecture navale, il y a dix ans, je suivais un chantier à Cauterets. Je me levais fréquemment à quatre heures du matin pour prendre un avion qui atterrissait à Lourdes ; après deux heures de route j'arrivais dans un village où j'étais accueilli par monsieur le maire, en sabots, avec ses chèvres autour de lui. C'était fantastique. Ce n'est pas la démesure du projet qui m'intéresse avant tout mais plutôt les épisodes de vie différents que mes projets me procurent, m'ouvrir au monde et apprendre au contact des différentes cultures et modes de vie. Au fil de mon parcours, je me suis ainsi confronté à la notion de Feng shui et de Taiji à Taïwan, à l'art de vivre en famille en Chine où les maisons de retraite n'existent pas, à la pudeur contrastant avec l'étalage des richesses dans les pays arabes, à la franchise confinant à la rudesse des Égyptiens, à la crainte de ce qui est nouveau dans la vieille Europe… Je m'adapte avec bonheur à chacun et j'apprends de tous… Avant d'utiliser les connaissances que j'ai amassées, le moment venu. Ainsi, lorsque je me suis retrouvé face à une petite foule de décideurs taïwanais afin de défendre la future Tao Zhu Yin Yuan, j'ai dessiné et parlé pendant des heures, précisant de façon exhaustive toutes les solutions techniques. En fait, j'ai sorti là tout ce que l'architecte Claude Vasconi, chez qui j'ai fait premières mes armes, m'avait appris sans le savoir : ne rien laisser au hasard, travailler en détails à toutes les échelles, s'exprimer avec conviction, oser avouer qu'on n'a pas la réponse à une question… Mais demander un délai de deux jours et apporter la solution.

Aujourd'hui je réalise que tous mes projets en construction, primés ou avortés, m'ont permis d'acquérir le bagage créatif, technique et juridique, indispensable au métier d'architecte à l'international. Passion, travail et persévérance sont selon moi les trois clés de la réussite. Je pourrais en ajouter une quatrième, l'exigence envers les autres mais d'abord envers soi-même, seule synonyme d'excellence. Les paroles de mes maîtres précurseurs, Odile Decq et Massimiliano Fuksas, telles que « continuer là où tout le monde s'arrête » ou bien encore « être suivi plutôt que suiveur », résonnent dans ma tête, comme un leitmotiv.

La seule et vraie question qui se pose aujourd'hui est de savoir comment nourrir, habiter et construire une vie confortable et durable pour plus de neuf milliards d'humains d'ici 2050 sur notre planète au territoire fini et aux ressources limitées. Les pessimistes disent que c'est impossible ! Ils ont peur des autres et de l'avenir et regardent les catastrophes naturelles et humanitaires de loin, par l'intermédiaire d'un écran, sans intervenir ni rien changer à leur façon de vivre. Pourtant, une nouvelle civilisation plus équitable, plus solidaire, sans pollution, sans déchets ni réchauffement climatique, n'est pas une utopie. Moi, j'y crois, plus que jamais ! Soyons force de propositions. Arrêtons de vivre à crédit sur la planète qui nous accueille. Créons des mouvements collaboratifs pour réapprendre à mieux vivre entre nous et avec la planète, sa faune et sa flore. Libérons nos forces vives, car notre patrimoine écoresponsable de demain se construit aujourd'hui !

Bien au-delà de la COP21, nos passions portées par une nouvelle vision commune de l'humanité ne peuvent qu'engendrer un nouveau monde plus intelligent et plus harmonieux. Ce livre, qui retrace une décennie de créations architecturales, s'attaque aux challenges sociétaux et environnementaux que nous devons relever ensemble. Je tente humblement de démontrer qu'un futur meilleur est envisageable, et j'espère de tout cœur que nous serons de plus en plus nombreux à y croire.

Et surtout à mettre les solutions en œuvre.

Après avoir parcouru 12 300 kilomètres depuis Shanghai, nous arrivons à la fin du voyage en aéronef dans le ciel de Nantes, le long des rives de la Loire.

Cette image de synthèse a été créée en 2013 pour l'affiche du festival des Utopiales, organisé par cette métropole du Grand Ouest français.

Je remercie mes clients et partenaires :

Pour le projet **PARIS SMART CITY 2050** à Paris :
Client : la Mairie de Paris
Ingénieurs : Setec Bâtiment, Paris

—

Pour le projet **TAO ZHU YIN YUAN** à Taipei :
Client : BES Engineering Corporation, Taipei
Architecte local : LKP Design, Taipei
Ingénieur structure : KLC, King Le Chang & Associates, Taipei
Ingénieur fluide : Sine & Associates, Taipei
Architecte d'intérieur : WA, Wilson & Associates, Los Angeles
Architecte paysagiste : Horizon & Atmosphere, Taipei + SWA, Sausalito, San Francisco
Designer lumière : Unolaï, Taipei + L'Observatoire International, New York
Consultant environnemental : Enertek, Taipei
Entreprise générale : Taiwan Kumagai Co, Ltd

—

Pour le projet **DNA TOWERS** en Chine :
Client : Hui-Ting Shen, Core Pacific Group, Chine

—

Pour les projets **BIONIC ARCH** et **SWALLOW'S NEST** à Taichung :
Client : le Gouvernement de la ville de Taichung,
les départements des Affaires culturelles et du Développement urbain

—

Pour le projet **THE GATE HELIOPOLIS** au Caire :
Client : Abraj Misr, Urban Development, Le Caire
Management du projet : Hill International, Philadelphie
Consultant général : Dimensions, Dubai
Consultant fluide et énergie : EC Engineering, Le Caire
Consultant structure spécialisé : C+S Structural Engineering Inc., Séoul
Consultant sécurité incendie et électricité : EMDEG, Le Caire
Consultant Smart Buildings : Johnson Controls, Milwaukee
Consultant marketing : Foresight Consulting, Canberra
Consultant media : Profilerz, Le Caire

—

Pour le projet **WOODEN ORCHIDS** à Ruichang :
Client : Huayan Cultural Investment Company, Ltd., Beijing
Management du projet : Creativersal International, Ltd., Hong Kong
Conseiller technique : Chetwoods Architects, London

—

Pour le projet **SOLAR DUNES** au Caire :
Client : Abraj Misr, Urban Consultant, Le Caire
Architecte local : K&A Design, Le Caire
Conseiller technique : Injaz Development, Le Caire

Pour le projet FLAVOURS ORCHARD à Kunming :
Client : Chongqing Iron and Steel Company Limited, Chongqing
Consultant : Kunming Local Institute

—

Pour le projet KINGS FOREST » à Fès :
Client : le Ministère des Affaires étrangères d'Abu Dhabi
Le management de Sa Majesté le Sheikh Sultan Bin Zayed Al Nahyan,
département des Projets et des Affaires techniques
Ingénieur structure : Bollinger + Grohmann, Paris, Francfort
Ingénieur fluides et environnemental : INEX, Paris
Architecte paysagiste : Acte 2 Paysage, Paris
Contrôle des coûts : CEE, Conseil économique engineering, Paris

—

Pour le projet CITTÀ DELLA SCIENZA à Rome :
Client : Roma Capitale, Cdp Investimenti Sgr
Superviseur : Prof. Ing. Paolo Colarossi, La Sapienza, Rome
Architectes locaux : COFFICE, Studio di Architettura e Urbanistica
+ Studio d'Architettura Briguglio Morales Sambo, Rome

—

Je remercie et félicite mon équipe :
Frédérique Beck
Daniel Callebaut
Marco Conti Sikic
Maguy Delrieu
Émilie Diers
Volker Ehrlich
Jiaoyang Huang
Tzung Lee
Agnès Martin
Arnaud Martinez
Florence Mauny
Benoît Patterlini
Kang Sanghoon
Philippe Steels
Olivier Sylvain
Fabrice Zaini

—

Je remercie ma famille et mes amis…
… qui m'aident à garder la tête dans les étoiles mais les pieds sur terre.

L'éditeur tient à remercier Mme Anne Hidalgo,
Maire de Paris,
auprès de laquelle est né le projet de ce livre.

—

Direction éditoriale
Édouard Boulon-Cluzel

Conception et réalisation
Émilien Castaing

Fabrication
Christian Toanen
Nikola Savic

Crédit photographique complémentaire :
Roger-Viollet (Janine Niepce : p. 9 ; musée Carnavalet : p. 26)

Photogravure : Apex Graphic
Achevé d'imprimer en France par Pollina (85-Luçon) - L73254
Dépôt légal : novembre 2015
ISBN 13 : 978-2-7499-2748-0
LAF 2123